重庆文理学院学术专著出版资助项目

混流生产机器人制造单元调度优化方法

赵晓飞　郭秀萍　李庆香　著

U0315317

北　京
冶　金　工　业　出　版　社
2021

内 容 提 要

混流生产机器人制造单元调度问题广泛存在于生产实际之中，比如集成电路板制造、半导体制造、钢铁制造、汽车制造及医药制造等行业，因此，探讨混流生产机器人制造单元调度问题优化方法不仅具有重要的学术价值，而且具有广阔的应用前景。本书主要介绍了作者近年来在混流生产机器人制造单元调度问题可行解构建、可行解性质探讨及优化算法设计等方面的研究成果。

本书可作为运筹学、工业工程科学、管理科学及系统科学等领域的研究人员和工程技术人员的参考书，也可作为高等院校相关专业高年级本科生和研究生的参考用书。

图书在版编目 (CIP) 数据

混流生产机器人制造单元调度优化方法/赵晓飞，郭秀萍，李庆香著. —北京：冶金工业出版社，2021.7

ISBN 978-7-5024-8839-0

Ⅰ.①混…　Ⅱ.①赵…　②郭…　③李…　Ⅲ.①工业机器人—生产调度—最优化算法　Ⅳ.①TP242.2

中国版本图书馆 CIP 数据核字（2021）第 103478 号

出 版 人　苏长永
地　　址　北京市东城区嵩祝院北巷 39 号　邮编　100009　电话　(010)64027926
网　　址　www.cnmip.com.cn　电子信箱　yjcbs@cnmip.com.cn
责任编辑　于昕蕾　美术编辑　吕欣童　版式设计　郑小利
责任校对　李　娜　责任印制　李玉山

ISBN 978-7-5024-8839-0

冶金工业出版社出版发行；各地新华书店经销；三河市双峰印刷装订有限公司印刷
2021 年 7 月第 1 版，2021 年 7 月第 1 次印刷
710mm×1000mm　1/16；9.5 印张；185 千字；144 页
58.00 元

冶金工业出版社　投稿电话　(010)64027932　投稿信箱　tougao@cnmip.com.cn
冶金工业出版社营销中心　电话　(010)64044283　传真　(010)64027893
冶金工业出版社天猫旗舰店　yjgycbs.tmall.com
（本书如有印装质量问题，本社营销中心负责退换）

前　言

机器人制造单元广泛应用于集成电路板制造、半导体制造、钢铁制造、汽车制造及医药制造等行业。由于机器人制造单元应用的广泛性，使得机器人制造单元调度问题具有普遍性。另外，由于混流生产符合市场由大批量、少品种向小批量、多品种转变的要求，满足顾客个性化、定制化需求，因此探讨混流生产机器人制造单元调度问题优化方法不仅具有重要的学术价值，而且具有广阔的应用前景。通过合理规划机器人运行顺序和科学安排工件加工顺序，提高企业资源利用率，提升企业管理水平，增强企业竞争实力，从而满足快速多变的市场需求，满足顾客对产品质量、产品价格、产品交货时间等的要求。

本书主要介绍了作者近年来在混流生产机器人制造单元调度问题可行解构建、可行解性质探讨、优化算子及优化算法设计等方面的研究成果。

本书共分为6章：第1章介绍混流生产机器人制造单元调度问题方法研究的背景、研究的意义、研究的内容、研究的方法等。第2章详细介绍了机器人制造单元的基本概念和分类，介绍了机器人制造单元调度问题的分类，系统阐述了混流生产机器人制造单元调度问题方法研究的现状。第3章重点探讨了三工作站混流生产机器人制造单元调度问题方法。通过构建插入算法生成了化学反应优化算法的初始种群，分别设计了改进的化学反应优化算法和基于局部搜索的化学反应优化算法。第4章聚焦多工作站（超过三工作站）混流生产机器人制造单元调度方法问题。首先，定义了机器人活动，将机器人运行顺序和工件加工顺序转化为机器人活动排序；其次，探讨了可行解性质，为算法设计、算子构建提供了理论基础；第三，提出了可行机器人活动插入法，构建问题的可行解；第四，提出了有效的化学反应优化算法。第5章研究考虑转换时间两工作站混流生产机器人制造单元调度方法问题，设计了新变邻域搜索算法。第6章为结论。

本书获得重庆文理学院学术专著出版项目和重庆市社会科学规划项目（项目编号：2019BS072）资助，在此向重庆文理学院科研处和重庆市社会科学规划办公室表示衷心的感谢！本书内容主要来源于作者读博士以来从事的相关工作，在此向笔者的导师郭秀萍教授表示感谢。另外，书中的一些内容也引用和借鉴了本领域前辈学者的研究成果，在此向他们表示感谢。在本书后期的编辑与校对工作中，得到了重庆文理学院经济管理学院陈天培教授、冯利朋教授，重庆文理学院经济管理学院学生黄亿桃、苏炆炆的帮助，在此向他们的辛勤付出表示衷心感谢。

鉴于作者水平及认识的局限性，书中不妥之处在所难免，欢迎各位同行批评指正，相互交流。

赵晓飞

2021年3月

目　　录

1 绪 论

本书研究在半导体制造、电路板印刷、汽车制造以及纺织加工等行业广泛存在的机器人制造单元调度问题，目的是设计科学合理、实用性强的优化方法，以便为其运营管理提供理论依据和科学决策支持。本章将首先介绍研究背景及意义，然后介绍研究问题和研究内容，最后介绍研究方法、创新之处。

1.1 研 究 背 景

制造业是我国经济的第一大产业，图1-1展示了近十年我国制造业占GDP的比重。虽然制造业占GDP比重逐年下降，但是制造业仍然是我国国民经济的支柱产业，对维系我国国家经济发展起着十分重要的作用。作为实施制造强国战略的第一个十年行动纲领，《中国制造2025》中指出"我国制造业仍然大而不强，在自主创新能力、资源利用效率、产业结构水平、信息化程度、质量效益等方面差距明显"。因此，为了振兴我国制造业，在《中国制造2025》中提出了"推进信息化与工业化深度融合""加快发展智能制造装备和产品""推进制造过程智能化。加快人机智能交互、工业机器人、智能物流管理、增材制造等技术和装备在生产过程中的应用等""依托优势企业，紧扣关键工序智能化、关键岗位机器人替代、生产过程智能优化控制、供应链优化，建设重点领域智能工厂/数字化车间。在基础条件好、需求迫切的重点地区、行业和企业中，分类实施流程制造、离散制造、智能装备和产品、新业态新模式、智能化管理、智能化服务等试点示范及应用推广"等措施。

从20世纪60年代起，随着计算机技术和信息技术的发展与广泛应用，自动化技术得到了长足发展。机器人制造单元（Robotic Cell）是自动化技术的一种，也是一种工业机器人，契合《中国制造2025》中"加快工业机器人在生产过程中的应用"精神，满足"关键岗位机器人替代"要求。机器人制造单元广泛应用于机械制造[1]、电路板印刷（Printed Circuit Board, PCB）[2]、半导体制造[3]以及计算机集成制造[4]、纺织、食品加工等行业。

图 1-1　制造业占 GDP 比重

（数据来源：www.kylc.com/stats/global/yearly_per_country/g_manufacturing_value_added_in_gdp/chn.html）

随着生产技术的进步，管理水平的提高，产品越来越丰富，市场也从卖方市场转向买方市场。顾客对产品交货期、产品特色、产品质量以及生产速度提出了越来越高的要求，迫使企业由生产驱动转向市场驱动，由大批量、少品种生产方式向小批量、多品种生产方式转变。通过灵活的产品交货时间，满足顾客要求的产品特色和产品质量以及变动的生产速度吸引顾客，留住顾客。因此，在基本不改变现有生产条件、生产方式和生产手段条件下，改变生产组织方式，在一条流水线上加工多类型工件的混流生产方式受到越来越多企业的青睐。混流生产主要特点是：同一生产线上，可以同时加工多类型工件；工件类型虽然不同，但加工工艺相似；生产过程中，基本不需要调整生产线就可以加工多类型工件。

混流生产能够进行小批量、多品种工件加工。从市场角度分析，能够满足市场小批量、多品种需求，适应市场快速、多变的需求特点。从顾客角度分析，能够提供灵活的交货时间，满足顾客特殊需求。从企业角度分析，能够改善产品质量，提升企业经济效益，减少企业财务压力。因此，无论从市场角度、顾客角度还是企业角度，混流生产都是制造业发展的一个方向。

生产调度是优化资源配置的重要手段之一，是影响制造企业生产活动的关键因素。合理配置资源，能够有效降低生产成本，提升生产效率，增强企业核心竞争能力，在日益激烈的市场竞争中生存和发展。随着机器人制造单元的广泛应用和混流生产制造模式的流行，如何通过有效调度来优化机器人制造单元生产效率就是一个亟待研究的重要课题。

综上所述，由于加工单类型工件机器人制造单元调度问题只能生产同一类型工件，难以适应快速、多变的市场需求，不能满足顾客个性化要求。混流生产能满足快速、多变的市场需求，能提供灵活的交货时间，满足顾客个性化要求，因此，本书将混流生产组织形式和机器人制造单元调度问题相结合，提出了混流生产机器人制造单元调度问题。

集成电路产业处于电子行业产业链的中游，具有附加值高、技术密集等特点。集成电路产业被认为是环保、清洁的高端制造业，是我国目前正在大力发展的朝阳产业，也是卡脖子产业，为加快我国集成电路产业发展，2020 年国务院颁发了《新时期促进集成电路产业和软件产业高质量发展的若干政策》。根据中国半导体行业协会统计，我国集成电路销售额从 2013 年的 2508.5 亿元增加到 2019 年的 7562.3 亿元，增长了 3 倍，年均增长率为 19.65%，如图 1-2 显示了我国集成电路强劲增长势头。2019 年全球半导体市场销售额 4121 亿美元，同比下降了 12.1%；在此不利环境下，中国集成电路产业逆势上扬，销售额为 7562.3 亿元，同比增长 15.8%。其中，设计业销售额为 3063.5 亿元，同比增长 21.6%；制造业销售额为 2149.1 亿元，同比增长 18.2%；封装测试业销售额 2349.7 亿元，同比增长 7.1%。依据《国家集成电路产业发展推进纲要》和集成电路产业"十三五"规划制定的目标，2020 年中国集成电路技术与国际先进水平的差距已显著缩小，全行业销售收入复合增长率超过 20%。

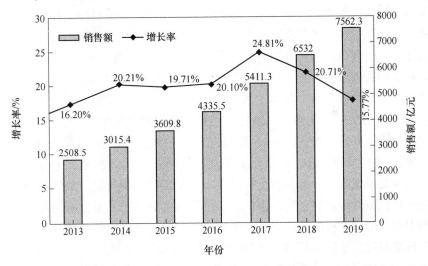

图 1-2　2013～2019 年中国集成电路产业销售额与年增长率

据中国半导体协会统计，中国集成电路产业——晶圆加工制造业 2013～2019 年状况见表 1-1。从表 1-1 可以发现，集成电路产业制造业的核心环节之一是晶圆加工。先进工艺对大尺寸晶圆的需求不断增长，当前，晶圆直径大小由 6in（150mm）、8in（200mm）等主流尺寸向 12in（300mm）、18in（450mm）等大尺寸晶圆转型。由于晶圆是芯片制造根基，当晶圆尺寸越大时，其制造工艺越复杂，技术含量越高，对资金、设备的要求也就越高。大数据、智能化、云计算和移动互联网的快速发展，对芯片加工工艺要求越来越高，早已从微米级突破到纳米级，最先进的工艺甚至已经达到5nm，越发靠近原子之间的间距（约0.5nm）。晶圆加工工艺越先进，晶圆加工设备投资则越大。目前主流先进生产线投资为50亿~100亿美元，一台浸没式光刻机的采购价格超过6000万美元，更先进的EUV光刻机采购价格超过1亿美元。建立一条晶圆生产线仅加工一种类型晶圆，不仅成本超高，而且难以及时响应快速变化的市场，因此，以集成电路产业为背景研究混流生产机器人制造单元调度问题具有重要意义。

表 1-1　晶圆加工业 2013~2019 年状况

年　　份	2013	2014	2015	2016	2017	2018	2019
销售额/亿元	600.86	712.1	900.8	1126.9	1448.1	1818.2	2149.1
同比增长率/%	19.90	18.51	26.50	25.10	28.50	25.56	18.2
占产业链比重/%	23.95	23.62	24.95	25.99	26.76	27.83	28.42

本书以半导体生产中集成电路产业晶圆加工过程为例，探讨混流生产机器人制造单元调度问题，通过设计优化方法，提高资源利用率，提升生产效率，降低生产成本。半导体生产中，晶圆加工过程需要使用多种复杂昂贵的加工设备，通过各种物理、化学加工工序在晶圆上形成所需要的电路层，同时增强晶圆表面的抗腐蚀性、耐磨性以及色泽等要求。晶圆加工工序主要有：（1）氧化工序，其作用是在晶圆表面镀上一层二氧化硅，起绝缘或隔离作用；（2）沉淀工序和离子注入工序，虽然这是两个不同工序，但其目的主要是在晶圆表面形成不同导电区域；（3）溅射工序，其作用是制造各组件或电路层之间的边界；（4）光刻工序，主要是为了暴露刻蚀区；（5）刻蚀工序，主要是将暴露刻蚀区的二氧化硅层腐蚀掉；（6）清洗工序，清洗上一道工序留下的杂质。晶圆加工过程对环境的洁净程度要求很高，一旦晶圆受到污染，直接影响晶圆质量，最终导致半导体成为残次品，浪费人、财、物。因此，为了提高晶圆加工质量，必须提高晶圆生产过程中空气的洁净程度，减少不必要的人为接触；合理控制晶圆加工温度和晶圆加工环境湿度。故在晶圆加工过程中，将以上加工过程封装在一个设备中进行，通过一个或多个由计算机控制的机器人负责晶圆在各个工序之间的流动。

机器人制造单元作为一种先进生产系统，是未来自动化技术发展的方向。图1-3展示了典型机器人制造单元。它由一个装载站、一个卸载站（装载站和卸载站可能是同一个设备，放在机器人制造单元的一端；也可能是两个不同设备放在机器人制造单元的两端）以及多个工作站线型或环型排列和一个或多个由计算机控制的物料搬运机器人（本书称为机器人）组成[5~7]。调度开始时刻，工件从装载站进入机器人制造单元，完成一系列加工后，从卸载站离开机器人制造单元。每个工作站表示某一特定加工工序。机器人在轨道上移动，负责工件在装载站与工作站、工作站与卸载站以及工作站与工作站之间的移动。

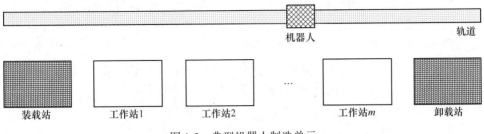

图 1-3 典型机器人制造单元

1.2 研 究 意 义

调度问题是一个古老而又常青的问题，是一类组合优化问题，存在于生活各个方面，比如车辆调度、人员调度、项目调度等问题，一直是理论界和实业界研究的热点问题和难点问题。混流生产机器人制造单元调度问题是调度问题的一个细小分支，是随着经济发展和科技进步而新出现的车间调度问题。探讨混流生产机器人制造单元调度问题，规划合理的机器人运行顺序和提供科学的工件加工顺序，为加强机器人制造单元应用企业运营管理，为提升机器人制造单元生产效率提供科学合理的决策依据。因此，研究该问题具有重要的现实意义和极强的理论意义。

1.2.1 现实意义

机器人制造单元广泛应用于纺织业、钢铁冶炼、半导体制造、汽车制造以及物流等行业与领域。机器人制造单元应用的广泛性导致机器人制造单元调度问题的普遍性，因此研究该问题具有重要的现实意义。

有效利用机器人制造单元有助于弥补劳动力不足。据《中国人口老龄化发展趋势预测研究报告》显示，到 2020 年，我国老年人口将达到 2.48 亿，老龄化水平将达到 17.17%。到 2023 年，老年人口数量将增加到 2.7 亿，与 0~14 岁少儿人口数量相等。到 2050 年，老年人口总量将超过 4 亿，老龄化水平推进到 30% 以上。与老龄化社会相伴的问题是劳动力短缺，而纺织、服装、玩具等行业是我国的传统优势出口行业，又是劳动密集型行业。从国外发展来看，机器人制造单元已经被用在纺织业。利用机器人搬运加工工件，可以减少劳动力需求量，弱化劳动力供需矛盾。因此，有效利用机器人制造单元有助于弥补劳动力不足，保证

我国传统优势产业发展，为中国"制造"转型为中国"智造"铺好路。

有效利用机器人制造单元有助于改善工人劳动环境。机器人制造单元广泛应用于机械制造、电路板印刷和钢铁冶炼等行业，这些行业要么工人劳动强度大，要么劳动环境恶劣，比如高温（钢水温度为 1250～1350℃）、高湿（集成电路产业生产中的相对湿度为 43%±3%）、有毒（集成电路产业中产生的挥发性有机化合物）、有害等。工人长期在这样的环境中劳动，对健康危害很大。采用计算机控制的机器人搬运加工工件，可以降低工人劳动强度，避免直接接触有害物质。提高机器人制造单元在这些行业的利用效率，有助于改善工人劳动环境。

有效利用机器人制造单元有助于企业提高产品质量。《中国制造 2025》提出"到 2020 年，制造业重点领域智能化水平显著提升，不良品率降低 30%。到 2025 年，制造业重点领域全面实现智能化，不良品率降低 50%"，充分说明智能制造能显著提高产品质量。例如，集成电路产业生产大环境的空气洁净等级为千级（ISO6 级），光刻等特殊区域的空气净化等级十级（ISO4 级）。因此，将机器人制造单元这种智能制造形式应用于化妆品生产、医疗器械和药品制造等轻工业，减少工人与产品的直接接触，提升产品清洁程度，提高产品质量，增强企业竞争能力。

1.2.2 理论意义

混流生产机器人制造单元调度问题与加工单类型工件生产机器人制造单元调度问题的最大区别在于，混流生产机器人制造单元调度问题不仅需要优化机器人运行顺序，而且需要考虑工件加工顺序。从问题范围分析，混流生产机器人制造单元调度问题是加工单类型工件机器人制造单元调度问题的一般情形，从加工工件类型角度拓展了机器人制造单元调度问题；从问题难度分析，混流生产机器人制造单元调度问题与加工单类型工件机器人制造单元调度同是非确定多项式时间（Nondeterminism Polynomial，NP）可解问题，简称 NP 难问题，但混流生产机器人制造单元调度需要同时优化工件加工顺序和机器人运行顺序，包含了多个组合优化问题，求解难度更大。因此，研究混流生产机器人制造单元调度问题具有极强的理论意义。

丰富和发展机器人制造单元调度问题研究。随着经济发展，市场需求由大批量、少品种情形向小批量、多品种情形转变，促使机器人制造单元调度问题也就由加工单类型工件情形向混流生产情形拓展，以适应市场需求变化。由于机器人制造单元调度问题从加工单类型工件情形拓展到混流生产情形，从加工工件类型角度丰富和发展了机器人制造单元调度问题研究。

提出一套求解混流生产机器人制造单元调度问题方法。由于混流生产机器人制造单元调度问题不仅需要优化机器人运行顺序，还需要考虑工件加工顺序，且这两个顺序具有极强的相关性。传统车间调度一般仅关注工件加工顺序，故传统车间调度问题可行解性质、优化方法以及优化技术不能适应混流生产机器人制造单元调度问题。为了优化混流生产机器人制造单元调度问题，获得最优（满意）机器人运行顺序和工件加工顺序，可行解性质将被讨论，一系列新的优化方法与优化技术将被提出。

丰富和发展优化算法。混流生产机器人制造单元调度问题涉及机器人运行顺序和工件加工顺序两个相互关联排序，涉及一系列组合优化问题。依据车间调度组合优化问题已有成果，除采用精确方法优化外，比如分支定界方法、动态规划方法等，还大量采用了启发式算法和进化算法，比如变邻域搜索、束搜索、遗传算法、模拟退火算法以及禁忌搜索算法等。为了优化混流生产机器人制造单元调度问题，获得最优（满意）机器人运行顺序和工件加工顺序，新的搜索策略被提出，新的进化算子被构建，新的进化算法被引进。这些新提出的搜索策略，新构建的进化算子和新引进的进化算法丰富和发展了优化算法。

1.3　问 题 描 述

机器人制造单元广泛应用于机械制造[8]、电路板印刷（Printed Circuit Board，PCB）[9,10]、半导体制造[11~16]以及计算机集成制造、纺织[17]等行业。机器人制造单元因应用行业不同，有不同的名称，比如在半导体制造业中，称为集束或组合设备（Cluster Tools）[11,18~20]；在电路板印刷加工行业中，称为抓钩（Hoist）[9,21,22]；在钢铁和食品行业中，一般叫做机器人制造单元（Robotic Cells）[23,24]。从数学模型的角度来看，这些问题是同一类问题，本书称为机器人制造单元调度问题。针对这类问题的共性，本书提炼出了混流生产机器人制造单元调度问题。

混流生产机器人制造单元调度问题可描述为：由多个工作站、一个装载站、一个卸载站和一个机器人组成机器人制造单元，如图1-3所示。每个工作站对应一个加工工序，卸载站和装载站位于机器人制造单元两端。由多个类型不完全相同的工件组成的最小工件集从装载站进入机器人制造单元，依次在每个工作站上进行加工，最后从卸载站离开机器人制造单元。每个工件在给定工作站上的加工时间不小于加工时间下界，当机器人和紧后工序对应工作站同时为空时，当前工作站加工完毕的工件将被搬运到下一工作站，工作站与工作站之间不设置任何缓冲区。机器人负责工件在装载站与工作站、工作站与工作站以及工作站与卸载站之间的移动。不考虑加工中断和先占，目标是最小化相邻两个最小工件集中第一

个工件进入机器人制造单元的时间间隔，即制造周期。

为了让混流生产机器人制造单元加工的工件具有高质量，避免废品，避免生产系统死锁，混流生产机器人制造单元调度问题一般受以下条件约束：加工时间约束，工件在工作站上加工时间应不小于加工时间下界，违反时间约束将影响工件质量，导致废品产生。工作站容量约束，任何时刻，一个工作站最多能够加工一个工件，当工作站被占用时，禁止其他工件装入该工作站，否则将造成死锁。机器人容量约束，任何时刻，一个机器人最多允许搬运一个工件，当机器人不空闲时，禁止机器人搬运其他工件。

混流生产机器人制造单元调度问题是一种新型车间调度问题，既具有经典车间调度问题的特点，也具有自身特征：工件在工作站之间的移动利用机器人实现。混流生产机器人制造单元调度问题与加工单类型工件机器人制造单元调度问题的最大区别有两点：一是加工工件种类数不同。混流生产机器人制造单元调度问题至少需要考虑两种类型加工工件，而加工单类型工件机器人制造单元调度问题仅考虑一种类型工件加工。由于加工工件种类增多，使得每个加工周期只生产一个工件的1-度调度不适合本书研究问题，本书主要考虑每个加工周期生产多个工件的多度调度。二是涉及排序的个数不同。加工单类型工件机器人制造单元调度问题仅考虑一种类型工件加工，因此工件加工顺序消失，仅需要考虑机器人运行顺序。混流生产机器人制造单元调度问题至少需要考虑两种类型加工工件，因此既需要考虑机器人运行顺序，也需要考虑工件加工顺序。

相对加工单类型工件机器人制造单元调度问题，混流生产机器人制造单元调度问题虽然只是增加了工件种类，但是在优化过程中需要考虑工件加工顺序和机器人运行顺序这两个相互关联的顺序，增加了问题难题。通过优化混流生产机器人制造单元调度问题，探索合理的机器人运行顺序和科学的工件加工顺序，可以为生产多品种机器人制造单元调度提供科学决策依据，从而满足小批量、多品种市场需求，满足顾客个性化、定制化要求，达到改善企业运营管理水平，提升企业经济效益的目的。

1.4 研 究 内 容

混流生产机器人制造单元调度问题涉及工件加工顺序和机器人运行顺序两个相互关联排序。Hall 等人[25]证明了给定机器人运行顺序三工作站混流生产机器人制造单元调度问题是 NP 难题；Fazel Zarandi 等人[26]证明了考虑机器转换时间混流生产机器人制造单元调度问题是强 NP 难题。基于这两个研究成果，本书设计了以下研究内容，研究内容之间关系如图 1-4 所示。

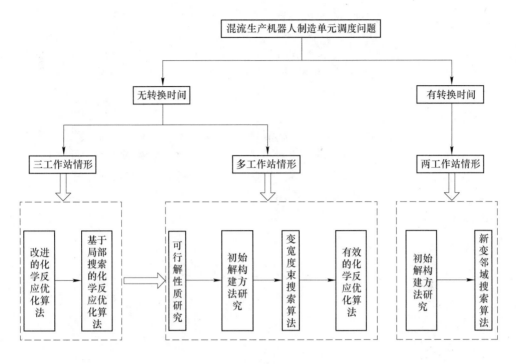

图 1-4 研究内容之间关系

（1）通过文献梳理和分析，以已有成果为基础，从三工作站混流生产机器人制造单元调度问题着手，构建化学反应优化算法同时优化工件加工顺序和机器人运行顺序，对应最大化产出。对应第 3 章。

（2）探讨混流生产机器人制造单元调度问题可行解性质。通过可行解性质研究，丰富机器人制造单元调度问题理论研究；同时，由于混流生产机器人制造单元调度问题是 NP 难题，研究可行解性质，也为新优化策略的提出、新优化算子的构建提供理论基础，尤其是新引进优化算法的设计提供理论基础。对应4.3 节。

（3）研究混流生产机器人制造单元调度问题可行解构建方法。虽然 Lei 等人[27]、Amraoui 等人[28]都给出了可行解构建方法，但是有两个不足，一个是不利于计算机实现，现有关于混流生产机器人制造单元调度问题可行解构建方法的成果，多以定性阐述为主，没有模型化，不利于计算机实现；另一个是没有将工件加工顺序和机器人运行顺序相结合，现有关于混流生产机器人制造单元调度问题可行解构建方法从定性角度阐述了工件加工顺序和机器人运行顺序，没有构建两者之间的数量关系和逻辑关系。针对上述不足，本书定义了机器人活动，将工件加工顺序和机器人运行顺序合二为一。以机器人活动顺序为基础设计了可行解构建方法。应用该方法，构建了分支定界算法和双层变宽度束搜索算法。对应 4.6 节。

（4）探索利用进化算法求解混流生产机器人制造单元调度问题。以机器人活动编码为编码方式，以可行解构建方法为基础，构建插入机器人活动顺序方法生成初始种群；应用可行解性质设计进化算子，构建有效的化学反应优化算法求解该问题。对应 4.7 节。

（5）设计考虑转换时间两工作站混流生产机器人制造单元问题变邻域搜索算法。以 Fazel Zarandi 等人[26]用枚举机器人运行顺序方式构建的数学模型为基础，以工件加工顺序为编码，提出了改进的减小关键路径长度算法生成初始解，设计了新变邻域搜索算法，改进了 Fazel Zarandi 等人[26]设计的模拟退火算法的求解结果。对应第 5 章。

1.5　研究方法和技术路线

1.5.1　研究方法

本书针对混流生产机器人制造单元调度优化方法问题，以理论研究为主，研究过程中充分参考和借鉴国内外相关研究成果，遵循从简单到复杂、从特殊到一般的研究思路，采用理论与实际相结合的研究手段，综合运用优化理论、管理学原理、运筹学等相关理论，采用文献分析与比较法、比较研究法、最优化技术、计算机技术以及仿真技术等方法和技术，构建了混流生产机器人制造单元调度问题的优化方法。综述混流生产机器人制造单元调度问题有关国内外研究成果。国内文献数据来源渠道以知网为主，国外文献数据来源以 ScienceDirect、IEEE、ELSEVIER 为主。通过对文献的搜集、梳理、分析和比较，以机器人制造单元为研究对象，以混流生产为研究背景，以调度优化方法为研究切入点，系统探讨了混流生产机器人制造单元调度优化方法。为了验证提出算法优劣，采用 C++计算机程序语言对提出算法进行仿真，计算经典数据或标准算例的近似最优解，将所得最优解与已有算法或精确算法相比较，探讨提出算法的有效性、稳定性和鲁棒性，探究近似最优解背后隐藏的管理学意义，为改善企业运营管理，提高机器人制造单元生产效率提供科学决策支持。

1.5.2　技术路线

通过文献梳理，找到研究切入点——调度优化方法，然后采用系统观点，遵循循序渐进的研究思路，从简单到复杂、从抽象到具体、从理论到实际的技术路线。研究混流生产机器人制造单元调度问题可行解性质，设计求解混流生产机器人制造单元调度问题算法等，为机器人制造单元优化管理和作业调度提供可行的技术手段和理论支持，具体如图 1-5 所示。

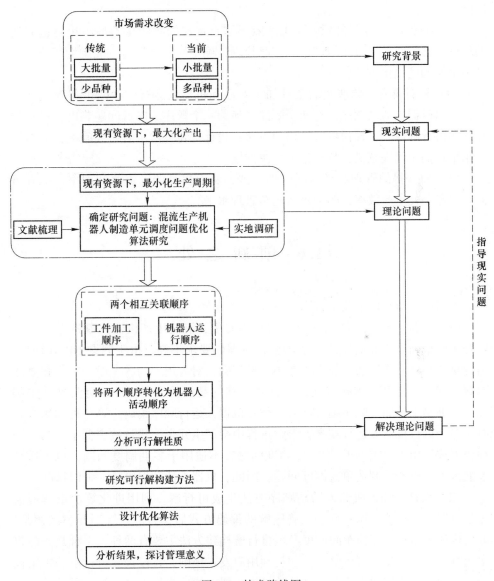

图 1-5　技术路线图

（1）由于市场需求由大批量、少品种向小批量、多品种转变，使得仅加工单类型工件的机器人制造单元面临挑战，引发了混流生产机器人制造单元调度问题，这是研究该问题的直接背景。

（2）在现有资源条件下，如何合理规划机器人运行顺序和科学安排工件加工顺序，从而提高机器人制造单元生产率就变成不得不解决的迫切问题。对于机器人制造单元应用企业来讲，如何提高机器人制造单元生产效率是一个更为实际的问题。

（3）将提高机器人制造单元生产效率这个现实问题转化为最小化制造周期的理论问题，然后通过实地调研和文献梳理，确定研究题目为：混流生产机器人制造单元调度优化方法研究。

（4）针对研究问题涉及的工件加工顺序和机器人运行顺序两个相互关联顺序，提出机器人活动顺序，将两个顺序转换为一个顺序，降低问题难度；探索研究问题可行解性质；探讨可行解构建方法；设计优化算法求解研究问题；分析算法结果；揭示管理意义，从理论上解决问题。

（5）将获得的管理意义指导管理实践，从而提高调度资源利用率，提升机器人制造单元生产效率，改善企业运营管理水平。

1.6　创　新　之　处

本书的创新有以下几个方面。

（1）提出了机器人活动编码。已有研究中，混流生产机器人制造单元调度问题多以精确算法和启发式算法求解，对编码要求不高。由于问题 NP 难特性，精确算法和启发式算法一般适用于小规模问题，对大规模问题一般采用进化算法求解。利用进化算法求解该问题，首先面临的是解的编码。目前有两种常用编码，一种是工件加工顺序编码；另一种是机器人运行顺序编码。第一种编码方式对应多个可行机器人运行顺序，求解过程中会产生冗余，导致效率低下；第二种编码方式适用于单类型工件 1-度调度问题，不适用于多度调度问题，也不适合于混流生产机器人制造单元调度问题。因此，机器人活动编码是一个创新点。

（2）设计了插入机器人活动顺序方法生成可行解。利用进化算法求解混流生产机器人制造单元调度问题，确定解的编码方式后，另一个绕不开的问题是，如何构建可行解。经典车间调度领域可行解构建方法主要有两种，一种是先随机生成解，然后修复不可行解；一种是利用启发式规则，直接构建可行解。本书设计了三种可行解构建方法，一种是随机生成解，然后修复不可行解；另一种是利用启发式方法构建可行解；第三种是插入机器人活动顺序方法。就混流生产机器人制造单元调度问题，上述三种可行解构建方法都是创新点，只是插入机器人活动顺序方法优于其他两种方法。

（3）发现了可行解性质。本书发现了混流生产机器人制造单元调度问题可行解的几个性质。已有文献零星给出了混流生产机器人制造单元调度问题可行解性质，这些性质有两个方面不足，一方面是不利于可行解编码；另一方面是不适合设计进化算子，限制了可行解性质应用。因此，发现混流生产机器人制造单元调度问题可行解性质是一个创新点。

（4）设计了多种优化方法求解混流生产机器人制造单元调度问题。由于混流生产机器人制造单元调度问题具有 NP 难性质，常用方法，比如线性规划、混合整数规划、分支定界算法、最短路算法等，适用于小规模问题。对于大规模问题，考虑启发式算法、进化算法或以上算法的混合。本书构建了改进的化学反应优化、基于局部搜索的化学反应优化、双层过滤变宽度束搜索算法、有效化学反应优化算法和新变邻域搜索算法。

1.7　本　章　小　结

本章从研究背景着手，阐述了研究的理论意义和现实意义；界定了混流生产机器人制造单元调度问题研究内容；针对混流生产机器人制造单元调度问题，依据研究内容，阐述了采用的研究方法和研究的技术路线，明确了本书研究的逻辑；凝练了创新点。

2 概念界定与国内外研究现状

加工单类型工件机器人制造单元的优势是，通过批量生产，减少机器调整时间，利用规模效益获得最佳利润；劣势是，对市场需求变化反映不够灵敏，不能满足市场小批量、多品种需求，不能满足顾客个性化、定制化要求。为了保持优势，弥补劣势，本书将加工单类型工件的机器人制造单元调度问题拓展为混流生产机器人制造单元调度问题。

依据 1.4 节阐述的本书研究内容，本章内容安排如下：2.1 节阐述了混流生产及其特点；2.2 节和 2.3 节分别对机器人制造单元分类和混流生产机器人制造单元调度问题分类进行阐述；2.4 节简要回顾加工单类型工件机器人制造单元调度问题研究现状，引出混流生产机器人制造单元调度问题研究现状；2.5 节详细阐述混流生产机器人制造单元调度问题研究现状，其中 2.5.1 节阐述了无限等待混流生产机器人制造单元调度问题研究现状，2.5.2 节阐述了有限等待混流生产机器人制造单元调度问题研究现状；2.5.3 节进行了无等待混流生产机器人制造单元调度问题文献梳理；2.6 节对复杂机器人制造单元调度问题进行了文献分析；2.7 节对本章阐述内容进行了小结。

2.1 混流生产及其特点

混流生产是指在基本不改变现有生产条件、生产方式和生产手段条件下，改变生产组织方式，在一条流水线上加工多种类型工件。混流生产主要特点是：

（1）同一条生产线上，可以同时加工多种类型工件。

（2）工件种类虽然不同，但加工工艺相似。

（3）生产过程中，基本不需要调整生产线就可以加工多种类型工件。

由混流生产特点可以发现，混流生产能够进行小批量、多类型工件加工，能够适应市场小批量、多品种需求，提升企业经济效益。因此，无论从顾客角度还是企业角度看，混流生产都是制造业发展的一个方向。

混流生产机器人制造单元是指在同一条生产线上，可以加工不同直径晶圆或对同一直径晶圆进行不同工艺加工。机器人制造单元采用混流生产方式，能够提高机器人制造单元的利用率，可以降低晶圆生产成本，从而增强企业竞争能力。

2.2 机器人制造单元分类

为了便于更好地讨论混流生产机器人制造单元调度问题，先对机器人制造单元按照一定标准进行分类。为了便于分类表述，先给出可重入工作站和并行工作站的定义。

定义 2.1 可重入（Reentrant）工作站：一个工作站担负了加工工件两个或两个以上互不相邻工序的加工。图 2-1 展示了具有可重入工作站机器人制造单元内工件流向示意图。

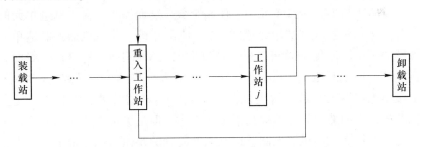

图 2-1　具有可重入工作站机器人制造单元内工件流向示意图

定义 2.2 并行（Parallel）工作站：机器人制造单元加工瓶颈处工作站设置多个可以同时加工的工作站，以平衡各个工作站之间加工负载。图 2-2 展示了具有并行工作站机器人制造单元内工件流向示意图。

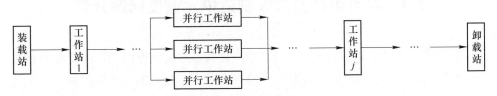

图 2-2　具有并行工作站机器人制造单元内工件流向示意图

虽然构成机器人制造单元的基本要素相同，但是，由于各要素个数、要素排列形状以及构成复杂程度不同，形成了不同类型机器人制造单元。为了便于更好认识和研究机器人制造单元，也为了便于下文表述，利用不同分类标准对机器人制造单元进行分类。

（1）按工作站分布形态分。工作站既可线性排列，也可环形排列。将工作站线性排列的机器人制造单元称为线性排列机器人制造单元，图1-3展示了线性排列机器人制造单元；当工作站围绕机器人排列成环形，机器人搬运工件做旋转运动的机器人制造单元称为环型排列机器人制造单元。

（2）按机器人个数分。机器人负责工件在相邻工序之间的移动，是构成机器人制造单元的核心要素之一。当机器人制造单元中只有一个由计算机控制的物料搬运机器人时，称为单机器人制造单元；当机器人制造单元中拥有两个或两个以上由计算机控制的物料搬运机器人时，称为多机器人制造单元。多机器人制造单元在调度过程中需要考虑机器人防碰撞约束，提升了机器人制造单元调度问题难度。

（3）按机器人制造单元复杂程度分。把无重入工作站、无并行工作站、单机器人制造单元称为简单机器人制造单元，其他称为复杂机器人制造单元。一般来讲，复杂机器人制造单元具有三方面优势：1）使用可重入工作站机器人制造单元，可以减少机器人制造单元中工作站个数，从而缩小机器人制造单元的空间占用，降低生产机器人制造单元成本；2）使用并行工作站机器人制造单元，可以有效解决某些工序加工时间过长，导致生产效率低下问题；3）一般而言，机器人制造单元的生产瓶颈是机器人，由于机器人个数偏少，导致生产效率不高，可以通过增加机器人个数，解决机器人个数问题导致的机器人制造单元生产瓶颈。复杂机器人制造单元虽然提高了生产效率，但是可重入工作站、并行工作站或多机器人的引入也给机器人制造单元调度问题的建模与优化带来了更大、更多挑战。另外，在复杂机器人制造单元中，还有一个值得注意的问题是：一个工作站既可以是重入工作站，也可以是并行工作站，此工作站一般称为可重入并行工作站。

2.3 混流生产机器人制造单元调度问题分类

混流生产机器人制造单元调度问题是一种新型车间调度问题，既具有经典车间调度问题的特点，也具有自身特征。经典车间生产过程中，工件在相邻工序之间的移动一般是自动的，因而经典车间调度问题一般仅考虑工件排序问题；混流生产机器人制造单元生产过程中，工件在相邻工序间的移动利用机器人实现，因而混流生产机器人制造单元调度问题不仅需要考虑工件排序问题，还要关注机器人运行排序问题。混流生产机器人制造单元调度问题是经典车间调度问题的延续与拓展，但比经典车间调度问题更难。研究混流生产机器人制造单元调度问题需要以经典车间调度问题的研究成果为基础，为了便于阐述和研究混流生产机器人制造单元调度问题，参照经典车间调度问题分类依据，对混流生产机器人制造单元调度问题进行分类。

（1）按工件加工工艺分。依据工件加工工艺，经典生产车间调度主要分为流水车间（Flow Shop）调度问题、作业车间（Job Shop）调度问题以及柔性车间（Flexible Job Shop）调度问题三种典型类型。依据此分类标准，混流生产机器人制造单元调度问题也分为三类：1）具有流水车间性质的混流生产机器人制造单元调度问题，是指每个加工工件具有相同的加工路径，都是从装载站输入，依次在每个工作站上加工，然后从卸载站输出；机器人负责工件在装载站与工作站、工作站与工作站以及工作站与卸载站之间搬运；通过合理规划机器人运行顺序和科学安排工件加工顺序，以提高生产效率，降低生产成本，改进产品质量。2）具有作业车间性质的混流生产机器人制造单元调度问题，是指每个加工工件具有一个事先给定的加工路径，至少有一个工件加工路径与其他工件加工路径不同；每个加工工件除去必须经过装载站和卸载站外，不是每个工作站都必须经过；机器人负责工件在相邻加工工序之间、工件输入与输出的搬运；通过合理规划机器人运行顺序和科学安排工件加工顺序，以提高机器人制造单元利用率，保证生产计划顺利实施和按时完成。3）具有柔性作业车间性质的混流生产机器人制造单元调度问题，是指除去装载站和卸载站外，每个工件包含多道工序，每道工序有多个平行工作站用于加工；机器人负责工件在相邻加工工序之间、工件输入与输出的搬运；通过合理规划机器人运行顺序，科学安排工件加工顺序，科学分派工件加工工作站，提高机器人制造单元生产效率，提高调度资源利用率，降低单位工件生产成本。值得注意的是，本书仅仅探讨了具有流水车间性质的混流生产机器人制造单元调度问题。

（2）按工件加工时间分。机器人制造单元被广泛应用于多种制造环境，比如：电路板印刷、钢铁冶炼、食品行业和纺织加工行业等。机器人制造单元应用背景不同，生产产品工艺差别很大，产品种类不同或产品加工工艺不同，对加工时间要求不同。由于加工时间要求不同，直接影响机器人运行顺序的合理规划和工件加工顺序的科学安排，导致机器人制造单元生产效率不同，调度资源利用率不一样，单位工件生产成本有差异。

依据工件加工时间，本书将混流生产机器人制造单元调度问题分为三类：1）无等待混流生产机器人制造单元调度问题，也被称为固定加工时间混流生产机器人制造单元调度问题或零等待混流生产机器人制造单元调度问题，是指每个工件在任意工作站（除去装载站和卸载站）上加工时间是一个非零固定值，即工件在一个工作站被加工完成后，必须马上将其搬运到下一个工序对应的工作站；否则，将导致产品质量不合格的调度问题。2）有限等待混流生产机器人制造单元调度问题，也被称为时间窗加工混流生产机器人制造单元调度问题或区间加工混流生产机器人制造单元调度问题，是指每个工件在任意工作站（除去装载站和卸载站）上的加工时间被限定在某一下限和上限范围内，工件加工时间达到下限即认为加工完成，机器人可以在加工时间上限和下限之间的任意时刻将工件搬运到下一工序对应的工作站；当工件加工时间低于下限或高于上限时，即认为是出现工件加工质量不合格的调度问题。3）无限等待混流生产机器人制造单元调度问题，又称为阻塞混流生产机器人制造单元调度问题，是指每个工件在任意工作站（除去装载站和卸载站）上的加工时间有一个最小值，当实际加工时间达到最小加工时间时，即认为工件加工完成；工件加工完成后，可以一直停留在该工作站，直到机器人和紧后工序对应工作站都空闲时，才能被搬运的调度问题。

这三类混流生产机器人制造单元调度问题中，从工件加工时间视角分析，阻塞混流生产机器人制造单元调度问题是一般问题，无等待混流生产机器人制造单元调度问题和有限等待混流生产机器人制造单元调度问题是阻塞混流生产机器人制造单元调度问题的特殊情形。当阻塞混流生产机器人制造单元调度问题中工件加工时间上限是确定值、且不等于下限时，就是有限等待混流生产机器人制造单元调度问题；当有限等待混流生产机器人制造单元调度问题中工件加工时间上限与下限相等时，变为无等待混流生产机器人制造单元调度问题。本书仅探讨了阻塞混流生产机器人制造单元调度问题。

（3）按机器人制造单元复杂程度分。依据 2.2 节中，按机器人制造单元复杂程度分类，将混流生产机器人制造单元调度问题分为：1）混流生产简单机器人制造单元调度问题，是指加工工件无重入，即每个工作站只对工件的某一个工序进行加工，每个工作站无并行工作站的单机器人制造单元调度问题。2）混流生产复杂机器人制造单元调度问题，是指具有可重入工作站、并行工作站或多机器人的机器人制造单元调度问题称为混流生产复杂机器人制造单元调度问题。

相对于混流生产简单机器人制造单元调度问题，混流生产复杂机器人制造单元调度问题除了要考虑混流生产简单机器人制造单元调度问题的所有约束外，还需考虑避免可重入工作站加工冲突约束，避免并行工作站加工冲突约束，以及多机器人防冲撞约束中三个约束的一个或多个。因此，针对混流生产复杂机器人制造单元调度问题，规划机器人运行顺序和安排工件加工顺序更复杂，难度更高。本书探讨的重点是混流生产简单机器人制造单元调度问题。

（4）按机器人运行时间分。相对于经典车间调度问题，混流生产机器人制造单元调度问题涉及机器人运行顺序规划，且往往机器人运行顺序和工作效率制约了混流生产机器人制造单元生产效率。机器人工作效率主要受制于机器人运行时间。依据机器人运行时间标准，Dawande 等人[29]将混流生产机器人制造单元调度问题分为三类：1）可加运行时间混流生产机器人制造单元调度问题。当工作站线性排列时，可加运行时间是指机器人在工作站 i 与工作站 j（工作站 i 与工作站j不相邻）之间的运行时间等于工作站i与工作站j之间相邻工作站运行时间之和；当工作站环形排列时，可加运行时间是指机器人在工作站i与工作站j（工作站i与工作站j不相邻）之间的运行时间等于工作站i到工作站j之间相邻工作站运行时间之和与工作站j到工作站i之间相邻工作站运行时间之和的较小值。值得注意的是，工作站由小到大的顺序编号从装载站开始到卸载站为止。2）常数运行时间混流生产机器人制造单元调度问题。常数运行时间是指任意两个工作站之间的运行时间是一样的，与两个工作站之间的物理位置无关。3）满足欧式距离运行时间混流生产机器人制造单元调度问题。满足欧式距离运行时间必须满足三角不等式约束，即机器人从工作站i运行到工作站j耗费的时间不会超过机器人从工作站i运行到工作站k，然后从工作站k运行到工作站j耗费的时间之和，与工作站的物理位置无关。其他类型机器人运行时间被 Kats 和 Levner[30,31]以及 Feng 等人[32]关注。

（5）按周期调度与非周期调度分。参照生产单类型工件机器人制造单元调度问题目标函数周期调度和非周期调度情形，混流生产机器人制造单元调度问题的目标函数既可以是周期调度[9,33~37]，也可以是非周期调度[38~43]。相应地，混流生产机器人制造单元调度问题可以分为混流生产机器人制造单元周期调度问题和混流生产机器人制造单元非周期调度问题。针对混流生产机器人制造单元非周期调度问题，加工工件要么预先准备好，放置于装载站，要么随时间变化动态到达装载站，优化目标一般是通过科学安排工件加工顺序和合理规划机器人运行顺序，从而获得完工时间最小的调度方案。在其他条件不变的情形下，完工时间最小化即是最大化机器人制造单元生产效率。针对混流生产机器人制造单元周期调度问题，机器人制造单元周期性地重复执行一组固定搬运作业，重复执行一次这些搬运作业的过程称为一个周期。当机器人执行完一个周期时，机器人制造单元回到周期开始状态。一个周期耗费的时间称为调度方案的制造周期。在其他因素不变情形下，制造周期越长，单个工件生产时间越长，机器人制造单元生产效率越低。因此为了最大化机器人制造单元生产效率，混流生产机器人制造单元周期调度问题的目标函数一般是最小化制造周期。相对于混流生产机器人制造单元非周期调度，混流生产机器人制造单元周期调度具有便于管理、易于执行、可进行批量生产等特点，更多受到学术界和实业界的广泛关注。本书仅讨论混流生产机器人制造单元周期调度问题。

研究混流生产机器人制造单元周期调度问题的一个重要前提是：每个调度周期进入机器人制造单元和离开机器人制造单元的工件数是一样的。为了便于进行混流生产管理，提高机器人制造单元生产效率，最小工件集（Minimium Part Set, MPS）[36,44]概念被提出。最小工件集是指根据生产不同工件类型的数量之比将所有工件划分成若干个工件生产集合。例如，若 A、B、C 三种工件类型的加工数量分别为 300 单位、200 单位、150 单位，那么在一个最小工件集中 A、B、C 三种工件类型的数量分别为 6 单位、4 单位、3 单位，总共划分为 50 个最小工件集[36,45]。在混流生产机器人制造单元周期调度中，每个制造周期内离开装载站的工件和到达卸载站的工件不完全相同，也就是说，当前离开装载站的某工件可能在后续制造周期才能加工完成并被搬运到卸载站，即工件存在跨周期加工现象。一个制造周期内有多个工件离开装载站的混流生产机器人制造单元调度问题通常被称为多度的（Multi-degree）[36,45~49]，或多周期的（Multi-cyclic）[37]，其中离开卸载站或装载站的工件数被称为调度策略的度（Degree）。

针对混流生产机器人制造单元周期调度问题，最小工件集至少包含两个不同种类的工件，每个制造周期内，最小工件集内不同种类的工件按照调度策略确定的顺序被机器人从装载站搬运到工作站开始加工；同时，数量相同、工件种类不完全相同的工件在加工完成后被机器人搬运到卸载站。这样，混流生产机器人制造单元周期调度就重复执行给定调度策略，直到完成各类型工件加工。混流生产机器人制造单元周期调度中安排的工件加工顺序就是指最小工件集中不同种类工件的加工顺序。本书仅考虑了混流生产机器人制造单元周期调度情形。

2.4 加工单类型工件机器人制造单元调度问题研究现状

Phillips 等人[9]研究了某电子厂某种电路板生产过程，以最大化产出为目标，构建了混合整数规划模型，利用 IBM MPSX/MIP 软件求解了该模型，这是第一次研究机器人制造单元调度问题。随着技术发展，出现了多种形式、多种结构机器人制造单元；为了满足市场小批量、多品种需求，机器人制造单元从加工单类型工件向加工多类型工件发展。因此，首先概要分析加工单类型工件机器人制造单元调度问题文献，为阐述混流生产机器人制造单元调度问题文献做好准备。

机器人制造单元与传统流水车间（Flow Shop）与单件车间（Job Shop）最本质的区别是，机器人制造单元中工件依赖机器人进行搬运，因此，机器人制造单元调度问题涉及机器人运行顺序和工件加工顺序两个相互关联排序。一般流水车间调度问题和单件车间调度问题是 NP 难题，故涉及两个排序的机器人制造单元调度问题也是 NP 难题[50,51]。为了降低问题难度，众多学者假设机器人制造单元加工单类型工件，使得工件加工顺序消失，仅涉及机器人运行排序，本书将这类机器人制造单元调度问题称为加工单类型工件机器人制造单元调度问题。

针对最小化制造周期（Cycle Time）加工单类型工件机器人制造单元调度问题，Sethi 等人[52]研究了两工作站情形和三工作站情形。对于两工作站加工单类型工件机器人制造单元调度问题，作者给出了解析模型，获得了最优生产条件。

针对三工作站加工单类型工件机器人制造单元调度问题，作者分别给出了不同机器人运行顺序条件下的解析模型，并且证明了不同机器人运行顺序之间的关系。Logendran 等人[53]利用解析方法研究了加工单类型工件两工作站不同结构机器人制造单元调度问题，通过确定最优工件加工顺序和最优机器人运行顺序最小化制造周期。

由于小规模时，每周期生产一个工件的周期生产策略能够产生最优解，因此 Sethi 等人[52]提出了 1-度周期猜想，加工单类型工件机器人制造单元调度问题 k-度（每个生产周期加工完成 k 个工件，机器人制造单元回到初始状态）生产策略的最优生产策略是 1-度周期，并证明了两工作站时，该猜想成立。当工作站为三个时，该猜想也成立[54]。Crama 等人[55]将该猜想推广到加工单类型工件机器人制造单元调度问题，提出了动态规划方法求解加工单类型工件机器人制造单元调度问题。不足的是，Crama 等人[55]得到的结果以锥体排列（Pyramidal Permutation）和货郎担问题（Traveling Salesman Problem，TSP）为基础。Brauner 等人[56~59]对加工单类型工件机器人制造单元调度问题的 1-度周期生产策略和多度周期生产策略进行了比较，证明了四个工作站时，3-度周期生产策略严格优于 1-度周期生产策略[58]，同时证明了 1-度周期猜想不是普遍成立的。

由于 1-度周期猜想不是普遍成立的，Dawande 等人[29]提出并证明了加工单类型工件机器人制造单元调度问题多度生产策略总是存在周期生产是最优的。因此，Agnetis 提出：是否存在小于工作站数的度数，使得多度周期生产策略是加工单类型工件机器人制造单元调度问题的最优解生产策略（Agnetis 猜想）。不幸的是，当工作站为四时，Agnetis 猜想不成立[60]。Brauner[61]总结了加工单类型工件机器人制造单元调度问题多度生产策略的理论研究现状，重点对最优生产策略理论进行了详细阐述，提出了未来研究方向。基于 Brauner[61]的研究，Yildiz 等人[62]提出了加工单类型工件机器人制造单元调度问题多度生产策略两个占优的纯周期（Pure Cycles）生产策略。

学者们虽然证实了多度生产策略是加工单类型工件机器人制造单元调度问题多度生产策略的最优生产策略，但难点是如何确定度值。为此，一部分研究者不关注度值大小，聚焦改进现有算法或设计新算法，在不断改善确定度值条件下，提高加工单类型工件机器人制造单元调度问题解的质量。

Brauner 等人[61]证明了加工单类型工件机器人制造单元调度问题 1-度生产策略是 NP 难问题，也暗示了加工单类型工件机器人制造单元调度问题多度生产策略也是 NP 难问题。Geismar 等人[63]提出了多项式算法求解加工单类型工件机器人制造单元调度问题多度生产策略，同时给出了上界。Elmi 等人[64]设计了有效的蚁群算法求解一般情形多机器人制造单元调度问题多度生产策略，优化了度值、机器人任务分配和机器人运行顺序，使得生产效率最大化。Che 等人[65]研究了不确定环境下加工单类型工件机器人制造单元调度问题，设计了多项式算法。

加工单类型工件机器人制造单元调度问题，不考虑工件加工顺序，仅关注机器人运行顺序，降低了问题难度，但不能适应市场多品种、小批量需求变化。目前市场上晶圆直径以 150mm、300mm 以及 450mm 为主，随着晶圆直径增加，晶圆厚度也增加。为了满足市场需求变化，考虑相同或相似工艺下，加工多类型工件机器人制造单元调度问题就成为研究前沿，这也是目前研究的热点。

2.5　混流生产简单机器人制造单元调度问题研究现状

本节关注的简单机器人制造单元是指无重入、无并行工作站的单机器人制造单元。为了条理清晰阐述混流生产简单机器人制造单元调度问题研究现状，本节按照工件加工时间无限等待情形、有限等待情形和无等待情形进行分类阐述。

混流生产机器人制造单元调度问题是加工单类型工件机器人制造单元调度问题 k 度生产策略的一般情形，虽然只是从加工单类型工件拓展为加工多类型工件，但是需要考虑工件加工顺序和机器人运行顺序这两个相互关联的顺序，因此，生产策略更复杂，调度难度更大。实际生产中，混流生产机器人制造单元生产模式通常分为周期性生产模式和非周期性生产模式，这两种生产管理模式各有利弊。在大批量生产环境下，为了简化生产管理，大多数机器人制造单元应用企业采用周期性生产模式[66]。周期性生产模式是指机器人执行一次调度方案后，机器人制造单元回到初始状态，机器人执行一次调度方案的时间间隔就成为制造周期[66]。因此，混流生产机器人制造单元调度策略分为周期生产策略和非周期生产策略。针对周期生产策略，依据机器人运行顺序与 1-度周期的关系，可以分为关联机器人移动（Concatenated Robot Move，CRM）顺序生产策略和最小工件集周期生产策略。不难理解，在给定时间内，机器人从机器人制造单元搬走的工件数量越多，那么机器人制造单元的生产效率就越高。由此可知，混流生产机器人制造单元生产效率严重依赖机器人运行顺序和工件加工顺序。

2.5.1　无限等待混流生产机器人制造单元调度问题研究现状

Hall 等人[25]证明了给定机器人运行顺序最小化制造周期三工作站无限等待混流生产机器人制造单元调度问题是 NP 难题，设计了开始算法（Start Algorithm），使得机器人制造单元在尽可能短的时间内达到稳定状态。

由于给定机器人运行顺序最小化制造周期三工作站无限等待混流生产机器人

制造单元调度问题是 NP 难题，故以下内容按照两工作站无限等待混流生产机器人制造单元调度问题、三工作站无限等待混流生产机器人制造单元调度问题以及多于三工作站无限等待混流生产机器人制造单元调度问题分别阐述。以下研究的前提，都假设机器人制造单元达到稳定状态，除非特别说明。

（1）两工作站无限等待混流生产机器人制造单元调度问题的两个 1-度机器人运行顺序分别为 S_1 和 S_2。Sethi 等人[52]分别就机器人运行顺序 S_1 和 S_2 给出了解析模型。将这两个解析模型分别转化为一个货郎担问题，以 Gilmore-Gomory 算法[67]为基础，设计了时间复杂度为 $O(n\lg n)$（n：一个制造周期加工工件个数，下同）的启发式算法。Hall 等人[54]以 Sethi 等人[52]设计的方法为基础，提出了时间复杂度为 $O(n^4)$ 最小化周期（MinCycle）算法同时优化机器人运行顺序和工件加工顺序。Aneja 等人[68]将该问题转化为不同于 Sethi 等人[52]提出的货郎担问题，设计了时间复杂度为 $O(n\lg n)$ 多项式算法改进了最小化周期算法。Fazel Zarandi 等人[26]将此问题拓展为考虑机器转换时间两工作站混流生产机器人制造单元调度问题，证明了该问题是强 NP 难题，利用 Gilmore-Gomory 算法[67]在多项式时间内求得了该问题的下界；针对给定工件加工顺序，获得了最优机器人运行顺序的支配条件；基于支配条件构建了混合整数规划模型，设计了分支定界算法；由于问题的强 NP 难特性，对于大规模问题求解设计了模拟退火算法。就相同问题，Majumder 等人[69,70]分别设计了离散布谷鸟搜索算法（Cuckoo Search Algorithm）和离散细菌觅食算法，同时优化机器人运行顺序和工件加工顺序，获得了更好的近似最优解。

求解两工作站无限等待混流生产机器人制造单元调度问题多种方法中，精确算法较少，启发式方法居多。这些启发式方法具有两个相同点：一个是枚举机器人运行顺序，构建解析模型或线性规划模型；另一个是以 Gilmore-Gomory 算法[67]为基础设计求解方法。由于这两个特点，这些方法很难推广到 $m > 2$（m：机器人制造单元中工作站数，不包括装载站和卸载站，下同）的情形。另外，本类问题仅探讨了关联机器人移动顺序生产策略，最小工件集周期生产策略与非周期生产策略还未涉及。

（2）Sethi 等人[52]首先给出了加工单类型工件三工作站机器人制造单元调度问题所有 1-度机器人运行顺序，分别是机器人运行顺序 S_1、机器人运行顺序 S_2、机器人运行顺序 S_3、机器人运行顺序 S_4、机器人运行顺序 S_5、机器人运行顺序 S_6；其次构建了对应机器人运行顺序解的结构；然后证明了机器人运行顺序 S_6 占优机器人运行顺序 S_2 和机器人运行顺序 S_4；最后分析了机器人运行顺序 S_1，机器人运行顺序 S_3，机器人运行顺序 S_5 和机器人运行顺序 S_6 两两占优的条件。Hall 等人[54]提出了三工作站无限等待混流生产机器人制造单元调度问题在不同机器人运行顺序下的解析模型，证明了当机器人运行顺序分别是机器人运行顺序

S_1、机器人运行顺序 S_3、机器人运行顺序 S_4 和机器人运行顺序 S_5 时，该问题是多项式可解的。就相同问题，Hall 等人[25]证明了机器人运行顺序分别是机器人运行顺序 S_2 和机器人运行顺序 S_6 时，该问题是 NP 难问题，并得到两个结论：一个结论是当机器人运行顺序是 S_2，一个制造周期加工工件个数为偶数时，加工一个制造周期工件个数后机器人制造单元达到稳定状态；一个制造周期加工工件个数为奇数时，加工两倍一个制造周期工件个数后机器人制造单元达到稳定状态。另一个结论是当机器人运行顺序是 S_6，加工一个制造周期工件个数后机器人制造单元达到稳定状态；然后，为了最小化稳定状态下加工一个制造周期工件个数的时间，针对机器人运行顺序 S_2 和机器人运行顺序 S_6，分别设计了 FindTime2 算法和 FindTime6 算法；最后，针对任意 1-度机器人运行顺序情形，作者设计了开始算法（Start Algorithm），使得机器人制造单元在尽可能短的时间内达到稳定状态。

由于当机器人运行顺序分别是机器人运行顺序 S_2 和机器人运行顺序 S_6 时，三工作站无限等待混流生产机器人制造单元调度问题 1-度生产策略是 NP 难的。Kamoun 等人[71]将该问题转化为三工作站无等待混流生产机器人制造单元调度问题 1-度生产策略[72]情形，以 Gilmore-Gomory 算法[67]、FindTime2 算法和 FindTime6 算法[25]为基础，设计了 S_2cycle 和 S_6cycle 两个启发式算法。混流生产组织下，由于 1-度猜想不成立[54]，因此 Kamoun 等人[71]将三工作站无限等待混流生产机器人制造单元调度问题的 S_1 机器人运行顺序、S_3 机器人运行顺序和 S_4 机器人运行顺序三类机器人运行顺序情形和 S_1 机器人运行顺序、S_4 机器人运行顺序和 S_5 机器人运行顺序三类机器人运行顺序情形分别转化为货郎担问题，利用 GENIUS 方法[73]求解，优化工件加工顺序；其次，分别以三工作站混流生产机器人制造单元调度问题的 S_1 机器人运行顺序、S_3 机器人运行顺序、S_4 机器人运行顺序和 S_5 机器人运行顺序情形的多项式算法、S_2cycle 和 S_6cycle 两个启发式算法以及 GENIUS 方法为基础，构建了三单元算法（ThreeCell），最小化制造周期。

针对三工作站无限等待混流生产机器人制造单元调度问题，首先，Zahrouni 等人[74]针对机器人运行顺序分别是机器人运行顺序 S_2 和机器人运行顺序 S_6 时，设计了改进 S_2cycle 和 S_6cycle 的 $hCRM-S_2$ 和 $hCRM-S_6$ 算法，优化了工件加工顺序；其次，作者将 (S_1, S_3, S_4) 和 (S_1, S_4, S_5) 两类机器人运行顺序联合，并将三工作站无限等待混流生产机器人制造单元调度问题的 S_1 机器人运行顺序、S_3 机器人运行顺序和 S_4 机器人运行顺序三类机器人运行顺序情形和 S_1 机器人运行顺序、S_4 机器人运行顺序和 S_5 机器人运行顺序三类机器人运行顺序情形分别转化为广义的旅行商问题（Generalized Travelling Salesman Problem，GTSP），求解结果优于 Kamoun 等人[71]获得的结果；最后，基于以上分析和三单元算法[71]的启示，作者提出了改进三单元算法的三单元算法 2（ThreeCell2）。

以上结论基于机器人运行顺序给定得出。对于混流生产机器人制造单元调度问题，机器人运行顺序和工件加工顺序具有极强关联性。给定机器人运行顺序，优化工件加工顺序得到的结果是否一定优于同时优化机器人运行顺序和工件加工顺序呢？Zahrouni 等人[75]研究了三工作站无限等待混流生产机器人制造单元调度问题，首先利用 NEH 算法[76]找到工件的插入顺序；其次，将三工作站机器人制造单元调度问题转化为两工作站机器人制造单元调度问题，并确定最优机器人运行顺序；然后，插入第三个机器人移动，获得三工作站机器人运行顺序和工件加工顺序；最后，将获得的机器人运行顺序和工件加工顺序转化为线性规划问题，获得近似最优解，该方法命名为最小化最小工件集周期（Minimum Minimal Part Set Cycle，MinMPSCycle）算法。该方法同时优化三工作站无限等待混流生产机器人制造单元调度问题的工件加工顺序和机器人运行顺序。该方法无论是在求解时间还是求解结果上都优于三单元算法，且验证了最小工件集周期生产策略优于关联机器人移动顺序生产策略或 1-度周期生产策略。

优化三工作站混流生产机器人制造单元调度问题方法主要有两种：方法一，枚举所有可能的机器人运行顺序，优化工件加工顺序，最小化加工周期；方法二，将三工作站转化为两工作站，利用两工作站机器人制造单元调度问题的相关结论优化三工作站问题。这两种方法优化三工作站无限等待混流生产机器人制造单元调度问题效果不错，但是很难拓展到一般情形无限等待混流生产机器人制造单元调度问题。其原因主要有三个方面：（1）一般情形混流生产机器人制造单元调度问题的 1-度机器人运行顺序有 $m!$ 种[52]，随着工作站数增加，1-度机器人运行顺序增长较快，枚举机器人运行顺序方式在实际操作中不可行；（2）多类型工件情形，由于 1-度猜想不成立[54]，所以通过枚举 1-度机器人运行顺序获得满意解也就失去了意义；（3）通过将三工作站转化为两工作站这样的方式，随着工作站数增多，第三个机器人移动插入的位置增长较快，难度较大。

Sriskandarajah 等人[77]将三工作站无限等待混流生产机器人制造单元调度问题的研究结果[25,54]拓展到一般情形无限等待混流生产机器人制造单元调度问题。作者以求解一般情形无限等待混流生产机器人制造单元调度问题 1-度生产策略情形的难易程度为标准，将该问题分为 U、V、W 三类：U 类是机器人运行顺序与工件加工顺序无关，该类仅有一个 1-度机器人运行顺序；V 类是一般情形无限等待混流生产机器人制造单元调度问题可转化为货郎担问题，共有 $\sum_{t=1}^{\lfloor m/2 \rfloor} \binom{m}{2t}$ 个 1-度机器人运行顺序；W 类是一般情形无限等待混流生产机器人制造单元调度问题不能转化为货郎担问题，且是 NP 难的，共有 $(m! - 1 - \sum_{t=1}^{\lfloor m/2 \rfloor} \binom{m}{2t})$ 个 1-度机器人运行顺序。其中 V 类还可以细分为 V1、V2 两类，分别为：V1 类共有 $(2m - 3)$ 个 1-度机器人运行顺序，且求解该类问题的时间复杂度为 $O(n\lg n)$；

V2 类共有 ($\sum_{t=1}^{\lfloor m/2 \rfloor} \binom{m}{2t} - (2m - 3)$) 个 1-度机器人运行顺序，但是 NP 难问题。基于该分类方式，以 W 类机器人运行顺序为基础，三单元算法被推广到工作站个数超过三个情形[71]。

Sriskandarajah 等人[77]虽然仅证明了一般情形无限等待混流生产机器人制造单元调度问题的部分 1-度机器人运行顺序是 NP 难的，但一般情形无限等待混流生产机器人制造单元调度问题不仅包含 1-度生产策略，还包含关联机器人移动顺序生产策略、最小工件集周期生产策略等，暗示了一般情形混流生产机器人制造单元调度问题也是 NP 难的。

由于一般情形无限等待混流生产机器人制造单元调度问题的 NP 难特性，Chen 等人[78]通过总结机器人运行顺序特征，建立了一般情形无限等待混流生产机器人制造单元调度问题 1-度生产策略情形的数学规划模型，提出了分支定界算法。为了检验算法效率，构建了紧的下界。但欠缺的是，仅与三工作站无限等待混流生产机器人制造单元调度问题 1-度生产策略情形进行了结果比较，说服力较差。

Soukhal 等人[79]构建了最小化最大完工时间为目标函数的一般情形无限等待混流生产机器人制造单元调度问题的整数规划模型，并设计了下界。作者利用优化软件 CPLEX6.5 求解小规模情形，设计了遗传算法优化大规模情形。就相同问题，Carlier 等人[80]提出了一个近似分解算法将该问题分解为两个子问题：具有附加约束（无限等待约束和运输时间）的流水车间调度问题和具有优先约束的单机排序问题，设计了分支定界算法优化每个子问题。Kharbeche 等人[81]提出了新的数学规划模型、新的下界，设计了精确算法，提出了一个新的遗传算法。这两种方法同时优化机器人运行顺序和工件加工顺序。

另外，Hyun 等人[82]研究了装配线上两机器人无限等待混流生产机器人制造单元调度问题，作者偏重于给定约束下机器人制造单元的设计，最后用案例证实了设计的有效性。Gultekin 等人[83]研究了无限等待混流生产机器人制造单元调度问题的柔性生产情形，改进了几个有效不等式并且在重新规划约束的基础上，构建了混合整数规划线性模型，设计了混合元启发式方法求解。Wang 等人[84]首次研究了带交货期混流生产机器人制造单元调度问题，优化了总完成时间和总加权拖期时间，构建了混合整数规划模型，设计了混合引导禁忌搜索算法。

目前针对一般情形无限等待混流生产机器人制造单元调度问题研究还不够充分与深入，表 2-1 展示了上述研究成果。就已出版文献分析，研究该问题常用方法是：固定一个顺序，优化另一个顺序或者对这两个顺序轮流优化，还很少见到同时优化这两个顺序的报道，特别是一般情形无限等待混流生产机器人制造单元调度问题。

表 2-1   无限等待混流生产机器人制造单元调度问题研究成果

文献	问题特征			优化方法或计算时间复杂度
	系统物理特征	加工工件特征	优化目标	
Sethi 等人[52]	两工作站单机器人	1-度周期调度	最小化制造周期时间	启发式算法 $O(nlgn)$
Hall 等人[54] Aneja 等人[68]	两工作站单机器人	最小工件集周期调度	最小化制造周期时间	MinCycle 算法, $O(n^4)$ 多项式算法, $O(nlgn)$
Fazel Zarandi 等人[26] Majumder 等人[69] Majumder 等人[70]	两工作站单机器人转换时间	最小工件集周期调度	最小化制造周期时间	分支定界算法、模拟退火算法 离散布谷鸟搜索算法 细菌觅食算法
Hall 等人[54]	三工作站单机器人	1-度周期调度	最小化制造周期时间	解析法
Kamoun 等人[71] Zahrouni 等人[74]	三工作站单机器人	1-度周期调度	最小化制造周期时间	S_2 cycle 和 S_6 cycle 算法 $hCRM-S_2$ 和 $hCRM-S_6$ 算法
Kamoun 等人[71] Zahrouni 等人[74]	三工作站单机器人	3-度周期调度	最小化制造周期时间	利用 GENIUS 方法求解 GTSP 方法
Kamoun 等人[71] Zahrouni 等人[74]	三工作站单机器人	关联机器人移动周期调度	最小化制造周期时间	ThreeCell 算法 ThreeCell2 算法
Zahrouni 等人[75]	三工作站单机器人	最小工件集周期调度	最小化制造周期时间	最小化最小工件集周期算法
Chen 等人[78] Sriskandarajah 等人[77]	多工作站单机器人	关联机器人移动周期调度	最小化制造周期时间	推广的 ThreeCell 算法 分支定界算法
Soukhal 等人[79] Carlier 等人[80]	多工作站单机器人	多-度周期调度	最小化最大完工时间	CPLEX6.5 和遗传算法 分解算法和分支定界算法
Gultekin 等人[83]	多工作站单机器人柔性生产	多-度周期调度	最小化最大完工时间	混合整数规划模型，元启发式算法
Wang 等人[84]	多工作站单机器人柔性生产	多-度周期调度	最小化总完成时间和总加权拖期时间	混合整数规划模型，混合引导禁忌搜索算法

综上所述，目前研究无限等待混流生产机器人制造单元调度问题模型以线性规划模型和解析模型为主。其原因是无限等待混流生产机器人制造单元调度问题取得的研究成果以工作站数不超过四为前提，可以枚举机器人运行顺序。无限等待混流生产机器人制造单元调度问题求解方法有精确算法、启发式算法和进化算法。总体来看，启发式算法为主，精确算法次之，进化算法较少涉及。启发式算法的设计思路是：首先，将多工作站向两工作站转化；然后，将两工作站问题转化为货郎担问题；最后，利用 Gilmore-Gomory 算法[67]求解。这种求解思路不适合多工作站无限等待混流生产机器人制造单元调度问题。无限等待混流生产机器人制造单元调度问题的目标函数聚焦于最小化制造周期，仅有几篇文章以最小化最大完工时间为目标函数。

求解无限等待混流生产机器人制造单元调度问题就是同时科学规划机器人运行顺序和合理安排工件加工顺序。目前，针对该问题，虽然设计了特定算法，但是欠缺对该问题可行解性质分析，尤其是同时包含机器人运行顺序和工件加工顺序的可行解。由于缺乏对可行解性质的深入分析，限制了进化算法的应用，导致无限等待混流生产机器人制造单元调度问题研究不够深入。由于无限等待混流生产机器人制造单元调度问题涉及加工多类型工件，但现有文献仅有两篇考虑了加工多类型工件，机器具有转换时间情形。依据经典车间调度理论研究成果可以发现，对多类型工件进行加工，机器转换时间严重影响工件加工顺序和机器加工效率。因此，机器转换时间也影响机器人制造单元调度问题中工件加工顺序和机器人运行顺序，从而影响机器人制造单元生产效率。

2.5.2 有限等待混流生产机器人制造单元调度问题研究现状

Phillips 等人[9]首先研究了有限等待混流生产机器人制造单元调度问题，提出了混合整数规划模型。Lei 等人[36]、Ng[85]、Chen 等人[33]和 Yan 等人[86]设计了多种分支定界算法求解相同问题。

Lei 等人[27]设计了分支定界算法求解两类工件有限等待混流生产机器人制造单元调度问题，针对问题特点，发现了可行解性质，设计了有向图计算目标函数值。就同一问题，Mateo 等人[87]和 Amraoui 等人[88]分别提出了分支定界算法和混合整数规划方法，改进了 Lei 等人[27]的结果。Kats 等人[89]研究了具有转换时间的两类工件有限等待混流生产机器人制造单元调度问题，给定机器人运行顺序，将问题转化为参数关键路径问题（Parametric Critical Path Problem，PCPP），设计了强多项式算法。

针对有限等待混流生产机器人制造单元调度问题一般情形，Amraoui 等人[28]转换构建有限等待混流生产机器人制造单元调度问题一般情形模型思路，构建了新的线性规划模型，提出了二叉树搜索算法，算例证实了多度生产策略优于 1-度生产策略。Lei 等人[90]针对 Amraoui 等人[28]研究的问题，以单类型工件多度生产策略为基础，设计了嵌套分支定界算法，同时优化工件加工顺序和机器人运行顺序。Amraoui 等人[91]设计了遗传算法求解有限等待混流生产机器人制造单元调度问题一般情形，将机器人运行顺序和工件加工顺序合二为一进行编码，随机生成初始种群，但遗憾的是未能设计有效的遗传算子。

一部分学者研究了最小化最大完工时间有限等待混流生产机器人制造单元调度问题，Yih[38]设计了两阶段启发式算法，首先考虑工件加工时间下界和机器人的运行时间组成的排序，该排序要尽可能早，以免和当前部分可行排序冲突；其次先不考虑机器人冲突，用前一阶段方法优化工件排序，然后利用每个工序的柔性调整机器人运行顺序，防止机器人冲突，若不能调整，放弃当前调度。Hindi 等人[92]以非标准约束满足问题（Constraint Satisfaction Problem，CSP）模型为基础，依据最早开始时间选择和调度机器人运行顺序设计的启发式算法改进了 Yih[38]提出的方法。Paul 等人[93]开发了基于给定工件加工顺序的适应时间窗（Adaptive Time Window，ATW）算法，首先排定工件加工顺序，然后调度机器人运行顺序。

Yan 等人[43]将有限等待混流生产机器人制造单元调度问题从离线调度拓展到在线调度，设计了两阶段分支定界算法。为了平衡总完工时间和再调度扰动，对已调度的工件不变，对即将调度的工件进行了有限扰动。Amraoui 等人[1]研究了同样的问题，构建了混合整数规划模型，提出了优化动态最早开始时间（Optimize Dynamic Earliest Starting Time，ODEST）算法。Yan 等人[94]研究了工件随机到达，且在不改变机器人运行顺序条件下，将工件插入已调度的工件中，设计了多项式算法优化了完工时间。Yan 等人[95]松弛了对原调度没有影响的假设，以不改变自动化制造单元调度中机器人运行顺序为前提，通过改变机器人运行开始时间获得新调度方案，设计了启发式算法。优化结果表明，在生产效率方面，Yan 等人[95]构建的多项式算法优于已有算法；在鲁棒性方面，Yan 等人[95]提出的多项式算法优于 Zhao 等人[96]设计的混合整数规划模型。这五篇文献虽然都是在线调度，但是第一篇考虑的是未排序工件对已排序工件的影响；接下来两篇文献从总体的角度研究，将对已排序工件的影响降到最低；最后两篇文献松弛了对原调度没有影响的假设，获得了更高质量解。

有限等待混流生产机器人制造单元调度问题的研究成果展示在表 2-2 中。有限等待混流生产机器人制造单元调度问题的研究开始于单工件，发展于两工件，深入于多工件情形。从模型角度分析，研究有限等待混流生产机器人制造单元调度问题的作者建立了线性模型，利用商业软件进行了求解。随着研究的深入，线性模型构建越来越多，也越来越复杂。除了加工单类型工件以工序开始时间为变量的模型，Amraoui 等人[28]构建了以工件移动为主的模型。后一种建模方式降低了决策变量维度，模型更简洁。从求解方法角度分析，已有文献中，仅有几篇文章涉及进化算法求解该问题。目前，求解该问题的方法以精确方法和启发式方法为主。多数研究者设计了分支定界算法，但由于问题的复杂性，一部分研究者设计了诸如适应时间窗算法、优化动态最早开始时间算法等启发式方法。从理论研究角度分析，Lei 等人[27]、Amraoui 等人[28]都将机器人运行顺序和工件加工顺序合二为一，将二维排序转化为一维排序，探讨了该问题作为一维排序时可行解性质。

表 2-2　有限等待混流生产机器人制造单元调度问题的研究成果

文　献	问题特征			优化方法或计算时间复杂度
	系统物理特征	加工工件特征	优化目标	
Phillips 等人[9] Lei 等人[36] Ng[85] Chen 等人[33] Yan 等人[86]	多工作站单机器人	多-度周期调度	最小化周期时间	分支定界算法
Lei 等人[27] Mateo 等人[87] Amraoui 等人[88]	多工作站单机器人	2-度周期调度	最小化周期时间	分支定界算法 分支定界算法 混合整数规划
Kats 等人[89]	多工作站单机器人转换时间	2-度周期调度	最小化周期时间	强多项式算法
Amraoui 等人[28] Amraoui 等人[91] Lei 等人[90]	多工作站单机器人	最小工件解周期调度	最小化周期时间	二叉树搜索算法 遗传算法 嵌套分支定界算法
Yih[38] Paul 等人[93] Hindi 等人[92]	多工作站单机器人	多-度周期调度	最小化最大完工时间	两阶段启发式算法 适应时间窗算法 启发式算法
Yan 等人[43] Amraoui 等人[1]	多工作站单机器人有限扰动	多-度周期调度	最小化周期时间	两阶段分支定界算法 ODEST 算法
Yan 等人[94]	多工作站单机器人工件随机到达	多-度周期调度	最小化最大完工时间	多项式算法
Yan 等人[95]	多工作站单机器人工件随机到达	多-度周期调度	最小化最大完工时间	启发式算法

文　献	问题特征			优化方法或计算时间复杂度
	系统物理特征	加工工件特征	优化目标	
Zhao 等人[96]	多工作站单机器人工件随机到达	多-度周期调度	最小化最大完工时间	混合整数规划

2.5.3　无等待混流生产机器人制造单元调度问题研究现状

Levner 等人[97]构建了加工单类型工件无等待机器人制造单元调度问题 1-度生产策略的线性规划模型，设计了时间复杂度为 $O(m^3 \lg m)$ 多项式算法。Kats 等人[98]将该问题拓展为多度情形，利用禁止区间技术构建了数学模型，设计了筛法求解。由于 Kats 等人[98]严格限制该问题具有整数数据处理输入和寻找一个整数周期时间，因此不能保证获得最优解。Che 等人[99]基于 Kats 等人[98]构建的模型，将多度周期调度转化为枚举决策变量区间数的线性函数，然后设计分支定界算法进行了求解。Agnetis[100]证明了加工单类型工件无等待三工作站机器人制造单元调度问题最小工件集周期生产策略的最优调度生产策略是 1-度或 2-度的。

由于加工单类型工件无等待机器人制造单元调度问题是无等待混流生产机器人制造单元调度问题的特殊情形，因此为了降低问题难度，研究者优化无等待混流生产机器人制造单元调度问题时分为了三种情形。（1）固定工作站数，变动工件数。Hall 等人[54]研究了两工作站无等待混流生产机器人制造单元调度问题，以 Gilmore-Gomory 算法[67]为基础，开发了时间复杂度为 $O(n^4)$ 的最小周期算法，同时优化了机器人运行顺序和工件加工顺序。就同样问题，Agnetis[100]将该问题转化为经典流水车间调度问题，开发了时间复杂度为 $O(n \lg n)$ 的算法，求得了最优解。Agnetis 等人[101]给定三工作站无等待混流生产机器人制造单元调度问题 1-度机器人运行顺序，研究了求解该问题的复杂度。（2）固定工件数，变动工作站数。由于 Lei 等人[36]、Song 等人[102]证实了 2-度周期生产策略的结果好于 1-度周期生产策略。Che 等人[103]利用禁止区间技术构建了无等待混流生产机器人制造单元调度问题 2-度周期生产策略的数学模型，设计了时间复杂度为 $O(m^8 \lg m)$ 的多项式算法。（3）工作站数和工件数都不固定。Che 等人[104]采用禁止区间技术构建了无等待混流生产机器人制造单元调度问题一般情形的数学模型，枚举决策变量的非禁止区间数进行求解。为了提高搜索效率，作者设计了动态分支定界算法。其最坏时间复杂度为：$O(m^6 n^8 (m^3/n)^{n(n-1)/2})(n \leq m)$ 或者 $O(m^4 n^{10} m^{n(n-1)})(n > m)$。

针对无等待混流生产机器人制造单元调度问题，就已出版文献分析，无论是加工单类型工件还是加工多类型工件问题，数学模型构建多以禁止区间方法产生，其研究成果展示在表 2-3 中。这是无等待混流生产机器人制造单元调度问题在建模技术上与有限等待混流生产机器人制造单元调度问题和无限等待混流生产机器人制造单元调度问题的最大不同。求解无等待混流生产机器人制造单元调度问题还没有看到启发式算法和进化算法报道，都是多项式算法。

表 2-3　无等待混流生产机器人制造单元调度问题研究成果

文献	问题特征			优化方法或计算时间复杂度
	系统物理特征	加工工件特征	优化目标	
Kats 等人[98] Che 等人[99]	多工作站单机器人	多-度周期调度	最小化周期时间	禁止区间模型筛法求解分支定界算法
Hall 等人[54] Agnetis[100]	两工作站单机器人	最小工件集周期调度	最小化周期时间	最小周期算法，$O(n^4)$ 多项式算法，$O(nlgn)$
Che 等人[103]	多工作站单机器人	2-度周期调度	最小化周期时间	禁止区间模型多项式算法 $O(m^8 lgm)$
Che 等人[104]	多工作站单机器人	最小工件集周期调度	最小化周期时间	禁止区间模型动态分支定界算法

2.6　混流生产复杂机器人制造单元调度问题研究现状

本书虽然集中研究混流生产简单机器人制造单元调度问题，但为了研究现状的完整性和系统性，本节对复杂机器人制造单元调度问题进行简要回顾。复杂机器人制造单元主要考虑具有重入性质机器人制造单元、具有多机器人制造单元或具有并行工作站机器人制造单元。

Phillips 等人[9]首先研究了具有重入性质的机器人制造单元调度问题。Liu 等人[105]将 Phillips 等人[9]研究的问题拓展到具有并行工作站情形，设计了混合整数规划模型，工作站数不超过 20 个时，利用优化软件 CPLEX 进行求解。Kats 等人[106]研究了具有重入性质的无等待机器人制造单元调度问题，设计了强多项式算法。Che 等人[107]从并行工作站的角度拓展了 Kats 等人[106]研究，设计了多项式算法。Che 等人[108]从多机器人视角拓展了 Kats 等人[106]研究的问题，设计了多项式算法。Che 等人[7]研究了具有重入性质的有限等待机器人制造单元调度问题，设计了有效的分支定界算法。这些成果的取得以 1-度周期生产策略为前提。

Nejad 等人[109~111]研究了具有并行工作站无等待混流生产自动化制造单元调

度问题。Nejad 等人[109]首创了给定解的目标函数值由线性规划模型计算,设计了新数学模型最小化制造周期;针对大规模问题,设计了模拟退火算法;Nejad 等人[110]优化了柔性自动化制造单元调度问题的机器人运行时间;Nejad 等人[111]研究了调度过程的平衡性和生产成本两目标的该问题,构建了数学模型;针对大规模问题设计了 NSGA Ⅱ 算法。

Gundogdu 等人[112]研究了机器人具有暂存功能情形的无等待混流生产自动化制造单元调度问题,分析了问题的基础框架。针对暂存区工件容量为一时,给出了最优周期的参数值;针对暂存区工件容量为二时,给出了最差情形的界;针对暂存区容量为无限时,定义了能有效利用暂存区的新调度方案。Batur 等人[113]将第一阶段有一个工作站、第二阶段有两个工作站的柔性自动化制造单元调度问题转化为旅行推销员问题,设计了模拟退火算法。Nejad 等人[114,115]研究了相邻工作站之间具有暂存功能情形,Nejad 等人[114]对三个著名问题进行了比较研究;Nejad 等人[115]为了最小化制造周期,构建了新数学模型,设计了进化算法。Liu 等人[116]以采矿业为背景,研究了多机器人自动化制造单元调度问题,定义了四类机器人运动,提出了混合禁忌搜索和阈值接受的启发式方法。

Li 等人[48]研究了具有重入性质的有限等待机器人制造单元调度问题的多度周期生产策略情形,构建了混合整数规划模型,利用优化软件 CPLEX 进行求解。Feng 等人[117]研究了该问题动态调度情形,构建了混合整数规划模型生成最优再调度,利用优化软件 CPLEX 进行求解。Yan 等人[2]以最大化生产效率和最小化机器人成本为目标,构建了问题的线性规划模型,利用离散差分进化算法进行求解。

Shapiro 等人[21]描述了将简单机器人制造单元调度问题拓展到具有并行工作站情形。Lei 等人[36]利用分支定界算法求解了该问题的无等待情形。Che 等人[107]拓展 Lei 等人[36]研究的问题为具有重入性质机器人制造单元调度问题,设计了多项式算法。Ng[118]研究了具有并行工作站机器人制造单元调度问题的无等待情形,构建了混合整数规划模型。Liu 等人[105]将 Ng[118]研究的问题从重入角度进行拓展,设计了混合整数规划模型,利用优化软件 CPLEX 进行优化。Che 等人[7]设计了分支定界算法优化 Liu 等人[105]研究的问题,放松求解中的工作站个数约束。Feng 等人[117]研究了具有重入性质机器人制造单元调度问题的动态调度情形,构建了混合整数规划模型生成最优再调度,利用优化软件 CPLEX 进行了求解,改进了 Zhao 等人[44]的研究结果。以上研究基于加工单类型工件为前提。

Elmi 等人[119]将具有重入性质机器人制造单元调度问题从机器人数量角度和工件种类角度进行了拓展,构建了混合整数规划模型以最小化最大完工时间,提出了模拟退火算法。Elmi 等人[120]研究了单机器人、异速并行机,每台机器只适合某些工件加工的多类型工件机器人制造单元调度问题，构建了混合整数线性规划模型以最小化最大完工时间，提出了模拟退火算法。Li 等人[49]研究了具有多机器人、多度周期生产策略的该问题，提出了混合整数规划模型，利用优化软件 CPLEX 进行求解。

此外，Geismar 等人[121]研究了具有常数运行时间的该问题，得到了一些相关结论。Geismar 等人[122]拓展 Geismar 等人[121]研究的问题为单机器人双钳问题，给出了相应结论。

实践中，由于机器人数量不足导致机器人成为机器人制造单元生产瓶颈。为了突破这个瓶颈，多机器人制造单元被广泛应用[123~125]。

Kats 等人[126,127]研究了具有并行工作站且机器人在各自平行轨道运行情形，设计了多项式算法。Che 等人[128]研究了具有平行轨道两机器人、多度周期生产策略的该问题，设计了有效算法。Che 等人[46]将两机器人拓展为多机器人，设计了有效算法。Sun 等人[40]研究了多机器人单轨道情形，为了避免机器人碰撞，提出了三个分配规则。Leung 等人[129]首次构建了混合整数规划模型。Che 等人[123]、Leung 等人[125]就同一问题设计了有效的多项式算法。Jiang 等人[124]研究了工件加工顺序和机器人运行顺序不一致情形下的该问题，提出了一个有效算法。Che 等人[130]研究了单轨道、2-度周期生产策略的该问题，设计了多项式算法。Che 等人[108]从重入的视角拓展了该问题，设计了多项式算法。以上研究前提是工件加工时间为常数。

针对有限等待情形，Lei 等人[131]提出了最小化常规周期（Minimum Common Cycle）的启发式算法，求解了两机器人问题。Lei 等人[132]、Armstrong 等人[133]拓展该算法求解了多机器人问题。Varnier 等人[134]先用启发式规则分配机器人互不重复的移动范围，然后用约束逻辑规划找到了给定机器人分配的最优调度周期优化单轨道、多机器人问题。Che 等人[135]为单轨该问题构建了解析数学模型，设计了分支定界算法，首次以不连通不等式的形式给出了单轨道免冲突约束。Zhou 等人[136]为单轨道、两机器人的该问题设计了混合整数规划模型调度机器人移动。Jiang 等人[137]提出了机器人防冲突的线性约束，以此为基础构建了混合整数规划模型，设计了有效的分支定界算法。Li 等人[49]研究了具有平行工作站、多度周期调度的该问题，提出了混合整数规划模型，利用优化软件 CPLEX 进行求解。不足的是，该文对于最优度和最优周期是先后优化的。同一问题，Elmi 等人[64,138]提出了新的混合整数规划模型，设计了蚁群优化算法，同时优化了最优调度中度的大小和机器人最优运行顺序。Li 等人[139]研究了无重叠的多机器人制造单元多度调度问题，构建了混合整数规划模型。Mao 等人[140]以允许机器人运行范围重叠为前提，设计了混合整数线性规划模型，优化结果显著优于机器人运行无重叠情形。

此外，Che 等人[141]针对已有文献都假设机器人装载运行开始和结束都在同一周期，作者给出了反例。为了求解装载运行开始和结束不在同一周期的情形，提出了改进的混合整数规划方法，利用优化软件 CPLEX 进行求解。

周支立等人[142]研究了无重叠区的双抓钩周期排序问题，提出了给定抓钩分配的混合整数规划模型，通过求解抓钩不同分配模型的最优解，选择最好解为满意解。就同一问题，周支立等人[143]设计线性规划模型和禁忌表搜索算法，改进了周支立等人[142]的结果。

前期文献调研发现，仅 Elmi 等人[119]研究了具有无限等待多机器人制造单元调度问题，设计了模拟退火算法。

还有部分学者研究了单臂双钳机器人制造单元调度问题，Jung 等人[144]探讨的是同类型工件加工 1-度周期生产情形，Tonke 等人[145]研究了具有搬运约束情形。Sriskandarajah 等人[146]从理论角度对单臂双钳自动化制造单元调度问题进行了回顾，指出了未来发展方向。

综合以上分析，多机器人制造单元调度问题研究较为深入，这与实际情况一致。实际生产中，机器人运行效率是混流生产机器人制造单元生产的瓶颈，增加机器人数量就成为改善瓶颈的关键。1-度周期生产策略研究较多，本书列举的三类复杂机器人制造单元调度问题，重点研究了 1-度周期生产策略情形；多度周期生产策略关注度较低，因为简单机器人制造单元调度问题是 NP 难题，复杂机器人制造单元调度问题也是 NP 难题，如果考虑更复杂的周期生产策略，求解难度变大。因此，1-度周期生产策略考虑较多，多度周期生产策略考虑较少。尽管复杂机器人制造单元调度问题建模难度、求解难度较大，但是从最近几年出版的文献来看，兼具多机器人、重入性质、并行工作站和多度生产策略两个或两个以上特征的机器人制造单元调度问题正在吸引越来越多研究者的关注，并出现了一些高水平成果，以研究加工单类型工件为主。已有研究复杂机器人制造单元调度的文献中，仅有不多的几篇文献研究了混流生产复杂机器人制造单元调度问题，余下的都是加工单类型工件情形。研究加工单类型工件可以不考虑工件加工顺序，降低了问题复杂度，符合人们认识事物的过程。求解复杂机器人制造单元调度问题算法以构建多项式算法为主，甚至直接利用商业优化软件 CPLEX，利用进化算法求解还不多见。

此外，Zhang 等人[147,148]分别利用遗传算法和移动瓶颈算法优化作业车间机器人制造单元调度问题，以最小化最大完工时间。Kim 等人[19]研究了考虑转换时间作业车间性质机器人制造单元调度问题，以 Petri 网为基础，建立了混合整数规划模型，设计了分支定界算法。Batur 等人[113]研究了柔性制造机器人制造单元调度问题，开发了有效的模拟退火算法。Nouri 等人[149]研究了具有作业车间性质的机器人制造单元调度问题，设计了混合元启发式方法求解。Che 等人[24]和 Yan 等人[2]研究了两目标、单类型工件机器人制造单元调度问题。

有关机器人制造单元调度问题研究的更多内容,可详细参见 Pan 等人[150]、Sriskandarajah 等人[146]、晏鹏宇等人[151]等文献。

简单机器人制造单元和复杂机器人制造单元比较,由于复杂机器人制造单元比简单机器人制造单元结构更复杂,构建模型难度更大,所以研究复杂机器人制造单元难度更大。从复杂机器人制造单元调度问题加工工件种类分析,无论哪种情形都是以研究单类型工件为主,很少见到研究多类型工件情形;从调度策略分析,以 1-度周期生产策略为主,多度周期生产策略较少,降低了问题难度,便于求解;从建模方法分析,无等待约束情形建模方法多以禁止区间为主,有限等待约束情形和无限等待约束情形以线性规划为主;从求解方法分析,多以构建启发式方法或设计分支定界算法为主,少有进化算法应用。从目标函数分析,首先从目标函数个数分析,目前以单目标为主,多目标优化在本领域还比较少见;其次,从目标函数类型分析,目前还是以最小化制造周期为主,少有最小化最大完工时间的目标函数,限制了本领域与其他领域的交叉。

2.7　本　章　小　结

本章详细梳理了与本书研究内容相关的 100 余篇文献,阐述了已有研究成果的创新点和不足之处。由上述论述可知,无论是简单机器人制造单元调度问题还是复杂机器人制造单元调度问题都进行了研究,但是由于研究角度、研究方法和应用背景不同,使得有的研究成果比较丰富,有的研究成果相对较少。就简单机器人制造单元调度问题分析,可以发现无限等待混流生产机器人制造单元调度问题还有以下研究不足。

(1) 缺乏一般情形无限等待混流生产机器人制造单元调度问题研究。就无限等待混流生产机器人制造单元调度问题、无等待混流生产机器人制造单元调度问题和有限等待混流生产机器人制造单元调度问题等三类问题分析,后两类问题研究较多,前一类研究较少。从工作站数量分析,第一类问题的研究主要集中在不超过四个工作站情形;而后两类问题都研究了工作站个数超过四的情形。从调度策略分析,第一类调度问题多集中在关联机器人移动顺序生产策略;后两类调度问题多用最小工件集周期生产策略。

针对无限等待三工作站混流生产机器人制造单元调度问题,Kamoun 等人[71]设计了三单元算法;Zahrouni 等人[74,75]设计了三单元算法 2 和最小化最小工件集周期算法,改进了三单元算法求解结果。由于 Zahrouni 等人[74,75]研究的问题是 NP 难题,本书在他们研究基础上,设计了智能优化算法,改进了求解结果。

Sriskandarajah 等人[77]证明了一般情形无限等待混流生产机器人制造单元调度问题是 NP 难题。Kamoun 等人[71]将三单元算法推广到了工作站个数超过三个情形，求解了 Sriskandarajah 等人[77]研究的问题，但该算法的不足是：先给定机器人运行顺序，然后优化工件加工顺序，与本书同时优化工件加工顺序和机器人运行顺序还是有很大不同。Soukhal 等人[79]、Carlier 等人[80]和 Kharbeche 等人[81]虽然同时优化了工件加工顺序和机器人运行顺序，但目标函数不是最小化制造周期。

本书以最小化制造周期为目标函数，以同时优化工件加工顺序和机器人运行顺序为手段，对无限等待混流生产机器人制造单元调度问题进行优化。

（2）较少探讨无限等待混流生产机器人制造单元调度问题可行解性质。有限等待混流生产机器人制造单元调度问题和无等待混流生产机器人制造单元调度问题是无限等待混流生产机器人制造单元调度问题特殊情形，因此前两类问题总结出的可行解性质也适用于第三类问题。

Amraoui 等人[28]给出了加工单类型工件机器人制造单元调度问题可行解的几个性质；Lei 和 Liu[27]总结了有限等待约束加工两类型工件混流生产机器人制造单元调度问题可行解性质。本书将 Amraoui 等人[28]、Lei 和 Liu[27]提出的性质推广到无限等待混流生产机器人制造单元调度问题，深化了机器人制造单元调度问题的理论研究。本书利用这些性质构建了新的进化算子，设计了新的进化算法。

（3）欠缺优化无限等待混流生产机器人制造单元调度问题的进化算法。就现有文献分析，有限等待混流生产机器人制造单元调度问题、无等待混流生产机器人制造单元调度问题和无限等待混流生产机器人制造单元调度问题的一般情形都是 NP 难题。从经典车间调度问题来看，进化算法求解组合优化问题得到了广泛应用，取得了明显效果；但在机器人制造单元调度问题领域应用进化算法求解还比较少，混流生产机器人制造单元调度问题领域就更少，需要深入探讨。比如初始解的构建方式、初始种群的生成方式、新进化算子的设计等。

针对三工作站无限等待混流生产机器人制造单元调度问题，Kamoun 等人[71]、Zahrouni 等人[74]先固定机器人运行顺序或工件加工顺序，优化另一个顺序，设计了启发式算法；Zahrouni 等人[75]将三工作站无限等待混流生产机器人制造单元调度问题转化为两工作站情形，然后枚举机器人运行顺序，得到两工作站情形的最优解，最后，插入第三个机器人移动，得到三工作站情形的满意解。本书将 Zahrouni 等人[75]设计的启发式方法进行改进，构建了顺序插入算法生成初始解，设计了进化算法，改进了 Zahrouni 等人[75]设计方法的结果。

针对一般情形无限等待混流生产机器人制造单元调度问题，Soukhal 等人[79]、Carlier 等人[80]和 Kharbeche 等人[81]以最小化完工时间为目标函数，同时优化了机器人运行顺序和工件加工顺序。针对有限等待混流生产机器人制造单元调度问题，Amraoui 等人[91]设计了遗传算法，研究了以最小化制造周期为目标函数，同时优化机器人运行顺序和工件加工顺序。但该方法的不足是，没有将机器人运行顺序和工件加工顺序进行整合；缺乏有效方法构建初始种群；没有利用可行解性质构建进化算子。本书研究目标函数为最小化制造周期情形的无限等待混流生产机器人制造单元调度问题，提出了机器人活动编码，将机器人运行顺序和工件加工顺序转化为机器人活动顺序；构建了插入机器人活动顺序方法生成初始种群；利用可行解性质构建了进化算子，设计了进化算法。

（4）少有对考虑转换时间无限等待混流生产机器人制造单元调度问题进行研究。目前仅有几篇文献研究了具有转换时间两工作站无限等待混流生产机器人制造单元调度问题。针对该问题，Fazel Zarandi 等人[26]设计了模拟退火算法进行求解，该方法的不足是，初始解随机生成，导致算法搜索效果较差。本书针对该问题，设计了改进的减小关键路径长度算法生成初始解。为了便于与现有算法比较，以改进的减小关键路径长度算法为基础，设计了改进的模拟退火算法和新变邻域搜索算法，有效改进了优化结果。

3 混流生产机器人制造单元调度化学反应算法设计

机器人制造单元由计算机控制的物料搬运机器人执行生产系统中所有工件的搬运作业，具有生产效率高、产品质量好、工人劳动强度低与工作环境好等优势。集成电路产业半导体芯片生产过程分为四个阶段，即晶圆加工、晶圆测试、封装和测试。其中前两个阶段称为前段制程，后两个阶段称为后段制程。一套完整的晶圆加工设备由多个机器人制造单元组合而成，每个机器人制造单元完成晶圆生产中的一道或几道工序。比如晶圆生产中热处理工序，它包含快速热退火、退火以及热氧化三个子工序，使得晶圆在该工序停留时间过长。晶圆生产过程中，热处理工序就成为瓶颈，使得制造周期变长。从满足市场需求和顾客要求角度分析，不能快速应对多变的市场需求，难以及时满足顾客交货时间要求，严重制约企业竞争力的提升；从企业内部资源考虑，晶圆生产过程中涉及水、电等资源消耗和有毒、有害的污染物排放，制造周期变长，资源消耗量增加，污染物排放量增多，不但增加了企业经济负担，而且污染环境。因此，制造周期变长，使企业面临运营和发展两方面难题。如何从生产运作和运营管理层面解决制造周期过长的难题，从而缓解瓶颈工序压力就成为混流生产机器人制造单元调度研究的中心问题。

科学规划和合理安排热处理工序时的机器人运行顺序和晶圆加工顺序就成为混流生产机器人制造单元调度的关键，这不但能缓解瓶颈工序压力，还能缩短制造周期，从而减少资源消耗量和污染物排放量，并能快速应对多变的市场需求，及时满足顾客交货时间要求，提升企业竞争力，因此混流生产机器人制造单元调度优化具有很高的理论和现实价值。研究成果为缓解晶圆生产过程中瓶颈工序压力，为设计更好的机器人制造单元提供了理论支持。

Hall 等人[25]证明了最小化制造周期三工作站混流生产机器人制造单元调度问题是 NP 难问题；Aneja 等人[68]证实了最小化制造周期两工作站混流生产机器人制造单元调度问题是多项式可解的。设计更好的方法优化三工作站混流生产机器人制造单元调度问题，缩短制造周期，提高生产效率，满足市场需求就成为研究三工作站混流生产机器人制造单元调度问题的重点。因此，从机器人制造单元调度方法角度考虑，研究三工作站混流生产机器人制造单元调度问题优化方法具有必要性。

由于给定机器人运行顺序，三工作站混流生产机器人制造单元调度问题是NP 难的，因此同时优化机器人运行顺序和晶圆加工顺序的三工作站混流生产机器人制造单元调度问题也是 NP 难的。针对该 NP 难问题，Kamoun 等人[71]设计了三单元算法；Zahrouni 等[74,75]设计了三单元算法 2 和最小化最小工件集周期算法，改进了三单元算法求解结果，提高了生产效率。信息技术和进化算法的发展，使得利用进化算法求解 NP 难题成为一种新趋势，且目前还没有利用进化算法求解三工作站混流生产机器人制造单元调度问题的报告。本章提出了两个进化算法：改进的化学反应优化（Improved Chemical Reaction Optimization，ICRO）算法和基于局部搜索的化学反应优化（Chemical Reaction Optimization Algorithm Based on Local Search，CROLS）算法，同时优化工件加工顺序和机器人运行顺序，改进了求解结果。

3.1 问 题 描 述

将晶圆生产中热处理工序：快速热退火、退火以及热氧化，分别比作三工作站混流生产机器人制造单元三个工作站 P_1、P_2 和 P_3，然后，虚拟一个装载站 P_0，虚拟一个卸载站 P_4，外加一个机器人。记 $\Omega = \{1, 2, 3\}$ 为工作站序号集合，n 个类型不完全相同的工件，记为 $\Theta = \{1, 2, \cdots, n\}$，组成最小工件集，从装载站 P_0 进入系统，依次在工作站 P_1、工作站 P_2、工作站 P_3 上加工，最后从卸载站 P_4 离开系统。不考虑先占，也不考虑加工中断。不同类型工件在相同工作站上的加工时间一般不同，满足最小加工时间 $a_{q, j}(j \in \Theta, q \in \Omega)$。机器人负责将工件从工作站 P_k 搬运到工作站 $P_{k+1}(k \in \Omega^* = \Omega \cup \{0\})$，且任何时刻，机器人最多能搬运一个工件，任何一个工作站最多能加工一个工件。

机器人移动由以下三步组成：（1）机器人从工作站 P_k 卸下工件 J_j；（2）机器人将工件 J_j 从工作站 P_k 搬运到工作站 P_{k+1}；（3）机器人将工件 J_j 装入工作站 P_{k+1}，记为 $r_{k, j}$，耗时 $\theta_{k, j}$；机器人不搬运工件从工作站 P_i 移动到工作站 P_l 称为空载运行，耗时 $\delta_{i, l}(i \neq l; i, l \in \Omega' = \Omega^* \cup \{4\})$，满足以下两式：

$$\theta_{k, j} \geqslant \delta_{k, k+1} \qquad j \in \Theta; k \in \Omega^* \qquad (3\text{-}1)$$
$$\delta_{i, l} \leqslant \delta_{i, h} + \delta_{h, l} \qquad i, l, h \in \Omega' \qquad (3\text{-}2)$$

目标函数为最小化相邻两个最小工件集中第一个工件进入机器人制造单元的时间间隔，即制造周期 T。基于上述问题描述，构建如下数学模型。

目标函数为：

$$\text{Minimize } T \tag{3-3}$$

约束条件为：

$$(y_{k,j}^{k-1,j}T + t_{k,j}) - (t_{k-1,j} + \theta_{k-1,j}) \geq a_{q,j} \qquad j \in \Theta, q \in \Omega \tag{3-4}$$

$$t_{k,j} - t_{l,p} \geq \theta_{l,p} + \delta_{l+1,k} - M(1 - y_{l,p}^{k,j}) \qquad k, l \in \Omega^*, j, p \in \Theta \tag{3-5}$$

$$t_{l,p} - t_{k,j} \geq \theta_{k,j} + \delta_{k+1,l} - My_{l,p}^{k,j} \qquad k, l \in \Omega^*, j, p \in \Theta \tag{3-6}$$

$$y_{k-1,j}^{k,j} + y_{k,p}^{k-1,j} + y_{k-1,p}^{k,p} + y_{k,j}^{k-1,p} \geq 3 \qquad j \neq p \text{ 且} j, p \in \Theta, k \in \Omega \tag{3-7}$$

$$\sum_{j=1}^{n} y_{k,j}^{k-1,j} \leq 1 \qquad k \in \Omega \tag{3-8}$$

$$t_{k,j} \geq t_{0,1} + \theta_{0,1} + \delta_{1,k} \qquad k \in \Omega^*, j \in \Theta \text{ 且} k \neq 0 \text{ 或} j \neq 1 \tag{3-9}$$

$$T \geq t_{k,j} + \theta_{k,j} + \delta_{k+1,0} \qquad k \in \Omega^*, j \in \Theta \tag{3-10}$$

$$t_{k,j} \geq 0 \qquad k \in \Omega^*, j \in \Theta \tag{3-11}$$

$$T \geq 0 \tag{3-12}$$

$$y_{l,p}^{k,j} = \begin{cases} 1 & t_{k,j} > t_{l,p} \\ 0 & \text{其他} \end{cases} \tag{3-13}$$

数学模型中，$t_{k,j}$ 为机器人移动 $r_{k,j}$ 的开始时间（$k \in \Omega^*$，$j \in \Theta$），决策变量；$y_{l,p}^{k,j}$ 为中间变量，取值为 0 或 1，当 $t_{k,j} > t_{l,p}$ 时，取值为 1；其他取值为 0（$k, l \in \Omega^*$，$j, p \in \Theta$）；M 是足够大的正数。式（3-3）是目标函数；式（3-4）是工件加工时间约束，避免工件在给定工作站的加工时间短于最小加工时间；式（3-5）和式（3-6）是机器人容量约束，即任意时刻，机器人最多搬运一个工件；式（3-7）是工作站容量约束，即任意时刻，给定工作站最多加工一个工件；式（3-8）是工件跨周期约束；式（3-9）是机器人移动开始时间下界；式（3-10）是制造周期下界；式（3-11）~式（3-13）是变量取值范围。

3.2 基本化学反应优化算法

化学反应优化（Chemical Reaction Optimization，CRO）算法于 2010 年被 Lam 等人[152]首次提出，理论基础是：能量守恒定律，即能量既不能被创造也不能被消灭，只能从一种形式转化为另一种形式或从一个实体转移到另一个实体；熵定律，即熵越大，分子运动越无序。化学反应中，具有多种特征的分子参加反应，一个或多个特征改变后，分子也随之改变。化学反应达到平衡时，势能达到最小值。对应于化学反应优化算法，分子代表问题的解，分子改变后，解也随之改变。分子具有势能（Potential Energy，PE）和动能（Kinetic Energy，KE），势能代表问题的目标函数值，动能代表问题跳出局部最优解的能力。给定分子 π，势

能 $PE_\pi = T(\pi)$。

化学反应优化算法涉及四个基本反应：分子与容器壁无效碰撞（On-wall Ineffective Collision）、分子间无效碰撞（Inter-molecular Ineffective Collision）、分解反应（Decomposition）和合成反应（Synthesis）。前两个反应执行深度搜索，保证算法收敛性；后两个反应执行广度搜索，保持解的多样性。能量守恒的要求与模拟退火（Simulated Annealing，SA）算法中 Metropolis 算法效果类似，而分解反应与合成反应类似于遗传算法（Genetic Algorithm，GA）中交叉与变异操作，因此化学反应优化算法具有模拟退火算法与遗传算法的优点[153]。研究[152,153]表明，化学反应优化算法的性能优于其他的群智能算法。由于化学反应优化算法能跳出局部最优解，已成功应用于网格调度和网络调度优化等[152,154]，还没有被应用于混流生产机器人制造单元调度的报告。基本化学反应优化流程如下：

（1）第一阶段：初始化阶段，包含两步。

步骤 1：初始化参数包括种群大小 $Popsize$，单分子反应临界点 $Molecoll$，初始动能 $InitialKE$，能量中心 $buffer$，动能损失率 $KElossRate$，分解反应临界点 α，合成反应临界点 β。

步骤 2：初始化种群。

（2）第二阶段：迭代阶段，包含以下三步。

步骤 1：若满足单分子反应临界点条件，执行步骤 2；否则，执行步骤 3。

步骤 2：若分解反应条件满足，执行分解反应；否则，执行分子与容器壁无效碰撞。

步骤 3：若合成反应条件满足，执行合成反应；否则，执行分子间的无效碰撞。

（3）第三阶段：输出阶段。

如果停止条件满足，输出近似最优解，并且算法终止。

3.3 改进的化学反应优化算法

基本化学反应优化算法仅是一个算法框架，需要根据特定问题，设计有针对性的基本化学反应算子，平衡算法的广度搜索和深度搜索，从而提升化学反应优化算法的收敛性和寻优能力。本节针对三工作站混流生产机器人制造单元调度问题，提出了改进的化学反应优化算法，下面分析具体过程，其核心代码详见附录。

3.3.1 编码与解码

由于目前还没有文献报道利用进化算法求解三工作站混流生产机器人制造单元调度问题，因此在可行解的编码与解码上没有文献可供参考，故借鉴经典车间调度问题领域常用的编码方法，设计了工件加工顺序编码。工件加工顺序编码简单，易于操作，与采用机器人运行顺序编码相比，基本反应操作后不会产生不可行解，有利于算法实现。

假设 σ 为 $\Theta \to \Theta$ 的一个置换，故 $\pi = (\sigma(1)，\sigma(2)，\sigma(3)，\cdots，\sigma(n))$ 表示一个分子，$\sigma(i)$ 表示第 i 个进入机器人制造单元工件是 $J_{\sigma(i)}$。例如：分子 $\pi = (1，3，2)$，即 $\sigma(1) = 1$，$\sigma(2) = 3$，$\sigma(3) = 2$，即第一个进入机器人制造单元的工件编号是 1，第二个进入机器人制造单元的工件编号是 3，第三个进入机器人制造单元的工件编号是 2。本书研究周期调度，因此，分子 $\pi = (1，3，2)$ 和 $\pi_1 = (3，2，1)$ 是两个相同的工件加工顺序。为了减少初始解冗余，提高算法寻优能力，总认为周期开始时刻，机器人正准备从装载站 P_0 搬运最小工件集中第一个工件到工作站 P_1。

机器人移动 $r_{k,j}$ 与工件 J_j 之间的关系用式 (3-14) 表示，其中 m 表示工作站个数。

$$r_{k,j} = k + (m+1)(j-1) \qquad j \in \Theta; \ k \in \Omega^* \qquad (3-14)$$

例如 $n = 3$，$m = 3$ 时，即最小工件集中工件数量为 3，工作站个数为 3，三工作站混流生产机器人制造单元调度问题的机器人移动 $r_{k,j}$ 与工件 J_j 之间的关系见表 3-1。

表 3-1 工件与对应的机器人移动

工件	机器人移动			
J_1	$r_{0,1} = 0$	$r_{1,1} = 1$	$r_{2,1} = 2$	$r_{3,1} = 3$
J_2	$r_{0,2} = 4$	$r_{1,2} = 5$	$r_{2,2} = 6$	$r_{3,2} = 7$
J_3	$r_{0,3} = 8$	$r_{1,3} = 9$	$r_{2,3} = 10$	$r_{3,3} = 11$

解码步骤如下：

步骤 1：采用式 (3-15)，得到每个机器人移动开始工作站编号：

$$k \equiv r_{k,j} \bmod (m+1) \qquad (3-15)$$

步骤 2：采用式 (3-16)，得到工件编号 j。

$$j = (r_{k,j} - k)/(m+1) + 1 \qquad (3-16)$$

步骤 3：依次取机器人移动开始工作站 P_0 对应工件编号，得到工件加工顺序。

依据表3-1，若机器人移动为7，由步骤1，得到机器人移动从工作站 P_3 开始；由步骤2，得到工件编号为2，即机器人移动为 $r_{3,2}$。若可行机器人移动顺序为：(0, 11, 6, 1, 8, 7, 2, 9, 4, 3, 10, 5)，由步骤1，得到机器人移动开始工作站排序 (0, 3, 2, 1, 0, 3, 2, 1, 0, 3, 2, 1)；由步骤2，得到工件加工编号 (1, 3, 2, 1, 3, 2, 1, 3, 2, 1, 3, 2)；由步骤3得到工件加工顺序为 (1, 3, 2)。值得注意的是，由步骤1和步骤2得到机器人运行顺序，详细过程见表3-2。表3-2中，深色底纹部分表示搬运的是紧前周期未加工完成的工件。

表3-2 可行机器人移动顺序 (0, 11, 6, 1, 8, 7, 2, 9, 4, 3, 10, 5) 对应机器人运行顺序

序号	机器人移动	状态	序号	机器人移动	状态
1	$P_0 \rightarrow P_1$	从装载站 P_0 搬运工件 J_1 到工作站 P_1	13	$P_2 \rightarrow P_3$	从工作站 P_2 搬运工件 J_1 到工作站 P_3
2	$P_1 \rightarrow P_3$	从工作站 P_1 空驶到工作站 P_3	14	$P_3 \rightarrow P_1$	从工作站 P_3 空驶到工作站 P_1
3	$P_3 \rightarrow P_4$	从工作站 P_3 搬运工件 J_3 到卸载站 P_4	15	$P_1 \rightarrow P_2$	从工作站 P_1 搬运工件 J_3 到工作站 P_2
4	$P_4 \rightarrow P_2$	从卸载站 P_4 空驶到工作站 P_2	16	$P_2 \rightarrow P_0$	从工作站 P_2 空驶到装载站 P_0
5	$P_2 \rightarrow P_3$	从工作站 P_2 搬运工件 J_2 到工作站 P_3	17	$P_0 \rightarrow P_1$	从装载站 P_0 搬运工件 J_2 到工作站 P_1
6	$P_3 \rightarrow P_1$	从工作站 P_3 空驶到工作站 P_1	18	$P_1 \rightarrow P_3$	从工作站 P_1 空驶到工作站 P_3
7	$P_1 \rightarrow P_2$	从工作站 P_1 搬运工件 J_1 到工作站 P_2	19	$P_3 \rightarrow P_4$	从工作站 P_3 搬运工件 J_1 到卸载站 P_4
8	$P_2 \rightarrow P_0$	从工作站 P_2 空驶到装载站 P_0	20	$P_4 \rightarrow P_2$	从卸载站 P_4 空驶到工作站 P_2
9	$P_0 \rightarrow P_1$	从装载站 P_0 搬运工件 J_3 到工作站 P_1	21	$P_2 \rightarrow P_3$	从工作站 P_2 搬运工件 J_3 到工作站 P_3
10	$P_1 \rightarrow P_3$	从工作站 P_1 空驶到工作站 P_3	22	$P_3 \rightarrow P_1$	从工作站 P_3 空驶到工作站 P_1
11	$P_3 \rightarrow P_4$	从工作站 P_3 搬运工件 J_2 到卸载站 P_4	23	$P_1 \rightarrow P_2$	从工作站 P_1 搬运工件 J_2 到工作站 P_2
12	$P_4 \rightarrow P_2$	从卸载站 P_4 空驶到工作站 P_2	24	$P_2 \rightarrow P_0$	从工作站 P_2 空驶到装载站 P_0

3.3.2 初始解生成

改进的化学反应优化算法是多解进化算法，需要生成多个初始解。为此，基于最小化最小工件集周期算法[75]，本书设计了一种求解三工作站混流生产机器人制造单元调度问题的顺序插入（Sequential Insertion, SI）算法生成初始解。

最小化最小工件集周期算法实现过程如下：

步骤 1：计算每个工件在所有工作站上加工时间之和，并按非升序排列，得到工件插入优先顺序 φ。

步骤 2：假设机器人制造单元由两工作站组成，找到工件 $\varphi(1)$ 和工件 $\varphi(2)$ 最优的机器人移动顺序 ω_1（$\varphi(i)$ 表示序列 φ 中的第 i 个工件）。

步骤 3：保持机器人移动顺序 ω_1 不变，利用 Lei 等人[27]给出的可行机器人移动顺序性质，将机器人移动 $r_{3,\varphi(1)}$ 插入机器人移动顺序 ω_1 中机器人移动 $r_{2,\varphi(1)}$ 与机器人移动 $r_{2,\varphi(2)}$ 之间所有可能位置；同理，将机器人移动 $r_{3,\varphi(2)}$ 进行相同操作，形成新的部分可行机器人移动顺序。利用 Lei 等人[27]给出的方法，将其转化为线性规划问题，得到两工件、三工作站机器人移动顺序 ω_2。

步骤 4：令 F 表示当前可行工件调度 ρ 的制造周期，F^* 表示得到的最优工件调度 ρ^* 的制造周期。

当 k 取值为 3~n 时，令 F^* 取值为 0。

当 $i = 1$ 到 $k - 1$ 时，$F = insert(\rho, \rho(i), \varphi(k))$（表示将工件 $\varphi(k)$ 插入工件调度 ρ 中第 i 个工件的位置后）。若 $F > F^*$，那么令 $F^* = F$，将 ρ 代替 ρ^*。将 ρ^* 代替 ρ，k 取值为 $k + 1$。

$F = insert(\rho, \rho(i), \varphi(k))$ 子程序实现步骤如下：

步骤 1：移除工件调度 ρ_1 对应的机器人移动顺序中机器人移动 $r_{3,\rho_1(i)}$ 和机器人移动 $r_{3,\rho_1(i+1)}$，令 H 表示工件调度 ρ_1 对应的机器人移动顺序中机器人移动 $r_{1,\rho_1(i)}$ 到机器人移动 $r_{1,\rho_1(i+1)}$ 之间的机器人移动顺序，包括机器人移动 $r_{1,\rho_1(i)}$ 到机器人移动 $r_{1,\rho_1(i+1)}$，删除 H。

步骤 2：假设机器人制造单元由两个工作站组成，找到工件 $\rho_1(i)$ 和工件 $\varphi(k)$ 之间从机器人移动 $r_{1,\rho_1(i)}$ 到机器人移动 $r_{1,\varphi(k)}$ 的最优机器人移动顺序；同理，找到工件 $\varphi(k)$ 和工件 $\rho_1(i + 1)$ 之间从机器人移动 $r_{1,\varphi(k)}$ 到机器人移动 $r_{1,\rho_1(i+1)}$ 的最优机器人移动顺序。用这两个顺序代替 H，得到新的部分可行机器人移动顺序，对应工件调度为 $\rho_2(i - 1) = \rho_1(i - 1)$，$\rho_2(i) = \rho_1(i)$，$\rho_2(i + 1) = \varphi(k)$，$\rho_2(i + 2) = \rho_1(i + 1)$。

步骤 3：工件调度 ρ_2 对应机器人移动顺序中，先插入机器人移动 $r_{3,\rho_2(i-1)}$，因为在步骤 1 定义的 H 中被删除，然后依次插入机器人移动 $r_{3,\,\rho_2(i)}$、机器人移动 $r_{3,\,\rho_2(i+1)}$、机器人移动 $r_{3,\,\rho_2(i+2)}$。所有机器人移动被插入后，得到 k 个工件完整机器人移动顺序。插入机器人移动 $r_{3,\,j}$ 的可能位置是在机器人移动 $r_{2,\,j}$ 与机器人移动 $r_{2,\,j+1}$ 之间。当机器人移动被插入后，形成部分可行机器人移动顺序，将其转化为线性规划问题，计算其制造周期，以及最优制造周期对应机器人移动顺序。

步骤 4：记录最好机器人移动顺序的周期时间。

顺序插入算法实现过程如下：

顺序插入算法的实质是，求得随机产生工件加工顺序对应最好机器人移动顺序，将工件加工顺序的变换留给改进的化学反应优化算法。算法步骤如下：

步骤 1：按照编码要求，随机生成工件加工顺序 φ。

步骤 2：假设机器人制造单元由两个工作站组成，找到工件 $\varphi(1)$ 和工件 $\varphi(2)$ 的最优机器人移动顺序 ω_1（工件 $\varphi(i)$ 表示工件加工顺序 φ 中的第 i 个工件）。

步骤 3：保持机器人移动顺序 ω_1 不变，利用 Lei 等人[27]给出的可行机器人移动顺序特征，将机器人移动 $r_{3,\,\varphi(1)}$ 插入机器人移动顺序 ω_1 中机器人移动 $r_{2,\,\varphi(1)}$ 与机器人移动 $r_{2,\,\varphi(2)}$ 之间所有可能的位置；同理，将机器人移动 $r_{3,\,\varphi(2)}$ 进行相同操作，形成部分可行机器人移动顺序，利用 Lei 等人[27]给出的方法，将其转化为线性规划问题，求得两工件、三机器机器人移动顺序 ω_2。

步骤 4：令 F 表示当前可行工件调度 ρ 的制造周期，F^* 表示最优工件调度 ρ^* 的制造周期。

当 k 取值为 $3 \sim n$ 时，令 F^* 取值为 0。

$F = SeqInsert(\rho, \rho(k-1), \varphi(k))$（表示将工件 $\varphi(k)$ 插入工件调度 ρ 中第 $(k-1)$ 个工件的位置后）。若 $F > F^*$，那么令 $F^* = F$，将 ρ 代替 ρ^*。将 ρ^* 代替 ρ，k 取值为 $k+1$。

$F = SeqInsert(\rho, \rho(k-1), \varphi(k))$ 子程序步骤如下：

步骤 1：移除工件调度 ρ_1 对应机器人移动顺序中的机器人移动 $r_{3,\,\rho_1(k-2)}$ 和机器人移动 $r_{3,\,\rho_1(k-1)}$。本书研究周期调度，在顺序插入算法中，令 H 表示工件调度 ρ_1 对应机器人移动顺序中机器人移动 $r_{1,\,\rho_1(k-1)}$ 到机器人移动 $r_{1,\,\rho_1(1)}$ 之间的机器人移动顺序，包括机器人移动 $r_{1,\,\rho_1(k-1)}$ 和机器人移动 $r_{1,\,\rho_1(1)}$，删除 H。

步骤 2：假设机器人制造单元由两个工作站组成，找到工件 $\rho_1(k-1)$ 和工件 $\varphi(k)$ 之间从机器人移动 $r_{1,\,\rho_1(k-1)}$ 到机器人移动 $r_{1,\,\varphi(k)}$ 最优机器人移动顺序；同理，找到工件 $\varphi(k)$ 和工件 $\rho_1(1)$ 之间从机器人移动 $r_{1,\,\varphi(k)}$ 到机器人移动 $r_{1,\,\rho_1(1)}$ 最优机器人移动顺序，用这两个顺序代替 H，得到新的机器人移动顺序 ω_3。

步骤 3：在机器人移动顺序 ω_3 中，依次插入机器人移动 $r_{3,\rho_1(k-2)}$、机器人移动 $r_{3,\rho_1(k-1)}$、机器人移动 $r_{3,\varphi(k)}$。所有机器人移动被插入后，得到 k 个工件完整机器人移动顺序。插入机器人移动 $r_{3,j}$，可能位置在机器人移动 $r_{2,j}$ 与机器人移动 $r_{2,j+1}$ 之间。机器人移动插入后，形成部分可行机器人移动顺序，将其转化为线性规划问题，计算其加工周期，以及最小加工周期对应机器人移动顺序。

步骤 4：记录最好机器人移动顺序对应的周期时间。

3.3.3 分子与容器壁无效碰撞

选择分子 π，随机交换两个工件的位置，生成分子 π'。若势能 $PE_{\pi'}$ 大于势能 PE_{π}，则在新一代解中保持原分子 π 不变；否则，用分子 π' 代替分子 π。例如分子 π 由 7 个工件组成，随机生成两个工件的位置分别为位置 2 和位置 5，将位置 2 和位置 5 对应工件交换后，得分子 π'，如图 3-1 所示。

图 3-1　分子与容器壁无效碰撞实现过程

（a）碰撞前；（b）碰撞后

3.3.4 分子间无效碰撞

分子间无效碰撞实行单点顺序交叉[155]，既能保持交叉后解的可行性，又能保持算法收敛性。选择分子 π_1 和 π_2，随机选择一个位置，如图 3-2 所示，该位置及以前的工件顺序不变，分别赋给分子 π_3 和分子 π_4，如图 3-2（a）所示。该位置以后的工件，将分子 π_1 中工件与分子 π_4 中工件相比较，若分子 π_1 中工件还不在分子 π_4 中，将该工件依次插入分子 π_4 中随机选择位置后。例如，分子 π_1 中工件 3 还不在分子 π_4 中，且工件 3 是分子 π_1 中第一个不在分子 π_4 中的工件，故将工件 3 插入分子 π_4 中第四个位置，分子 π_1 中其他工件按照相同方式操作，得分子 π_4；同理，将分子 π_2 与分子 π_3 比较，得分子 π_3，如图 3-2（b）所示。选取势能 PE_{π_1}、势能 PE_{π_2}、势能 PE_{π_3}、势能 PE_{π_4} 中两个较小值对应的分子分别代替分子 π_1 和分子 π_2 进入下一代。

3.3.5 分解反应

选择分子 π，随机选择两个不同位置值 a_1 和 a_2，如图 3-3（a）所示，位置

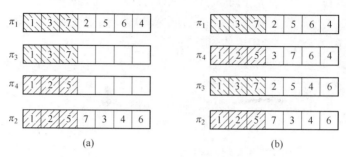

图 3-2　分子间无效碰撞实现过程

（a）碰撞前；（b）碰撞后

a_1 和位置 a_2 分别对应分子 π 中位置 2 和 5，将位置 a_1 对应工件 4 向右移动到分子 π 的末尾，位置 a_1 以后工件相对位置不变，得分子 π_1；按照生成 π_1 的方法，将位置 a_2 对应工件在分子 π 中做相应操作，得分子 π_2，如图 3-3（b）所示。取势能 PE_π，势能 PE_{π_1}，势能 PE_{π_2} 中最小值对应分子代替分子 π 进入下一代。

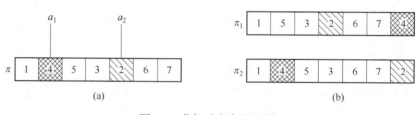

图 3-3　分解反应实现过程

（a）分解反应前；（b）分解反应后

3.3.6　合成反应

在本反应中采用距离保护交叉操作（Distance-preserving Crossover Operator）[156] 实现，该操作能有效保留两个分子中相同特征。操作如下：选择分子 π_1 和分子 π_2，若对应位置工件相同，将这些工件插入新分子 π 中对应位置。余下位置，随机生成工件序号，若不在分子 π 中，将其插入空位置。如图 3-4 所示，由 7 个工件组成的两个分子 π_1、π_2，位置 1、5、6 对应工件相同，直接将其复制到分子 π 中相同位置，分子 π 中余下位置工件随机生成，要求与已有工件不同。势能 PE_π、势能 PE_{π_1}、势能 PE_{π_2} 中两个较小值对应分子代替分子 π_1 和分子 π_2 进入下一代。

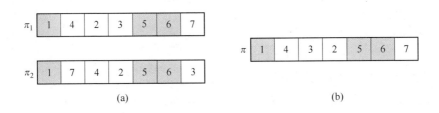

图 3-4 合成反应实现过程

（a）合成反应前；（b）合成反应后

3.3.7 选择操作与适应度函数

为了保证具有较好适应度函数值的优良分子具有较大概率进入下一代，保持改进的化学反应优化算法能够平衡深度搜索和广度搜索，提高近似最优解质量，采用轮盘赌策略选择参加基本反应的分子。轮盘赌策略能够让适应度函数值较高的分子具有较大概率进入下一代，并且操作简单，易于实现。

适应度函数是评价分子个体优劣的指标，适应度函数值越高，表明分子个体越好，即对应解的质量越高；反之，适应度函数值越低，表明分子个体越差，即对应解的质量越差。问题的目标函数为最小化制造周期长度 T，故选取适应度函数为式（3-17），其中 T_i 为分子 π_i 对应制造周期时间，分子 π_i 为当前种群中第 i 个分子。

$$f(\pi_i) = \frac{1}{T_i} \bigg/ \sum_i \frac{1}{T_i} \tag{3-17}$$

3.3.8 局部搜索

化学反应优化算法，虽然也有局部搜索，但每次搜索的起点不完全一致，深度搜索不够，延缓了算法收敛速度。为了提高算法收敛速度，基本反应操作后，选择子代分子中适应值最大的分子为基点进行局部搜索，选择搜索过程中（包括基点）适应值最大的分子作为最终子代分子。搜索过程如下：每次以基点分子开始进行搜索，选择分子中两个不同位置进行交换，按照这样的方式可以生成 $n/2$ 个新分子。将 $n/2 + 1$（包括基点）个分子对应的适应值进行比较，选择适应值最大的分子代替基点分子。

3.3.9 改进化学反应优化算法步骤

改进化学反应优化算法有如下步骤。

步骤1：输入目标函数和参数值。

步骤2：设置种群大小、动能损失率 *KELossRate*、单分子与多分子反应临界点 *MoleColl*、初始动能 *InitialKE*、能量中心 *buffer*、分解反应触发点 α、合成反应触发点 β。

步骤3：初始化种群。

步骤4：生成从 0 到 1 上随机数 *b*。

步骤5：若随机数 *b* 大于单分子与多分子反应临界点 *MoleColl*，则按照选择操作随机选择一个分子；否则，转步骤7。

步骤6：若分子总碰撞次数 *NumHit* 与当前最好目标函数值碰撞次数 *MinHit* 之差大于分解反应触发点 α，则发生分解反应；否则，发生分子与容器壁无效碰撞。

步骤7：按照选择操作随机选择两个不同分子。若参加反应分子动能之和 *KE* 不大于合成反应触发点 β，则发生合成反应；否则，发生分子间无效碰撞。

步骤8：更新当前最好解，以当前最好解为基础进行局部搜索。

步骤9：当算法终止条件满足时，输出近似最优解；否则，转步骤4。

3.3.10 算例仿真

为了验证改进的化学反应优化算法有效性，将改进的化学反应优化算法获得结果与优化软件 CPLEX12.4、最小化最小工件集周期算法以及遗传算法获得结果比较。改进的化学反应优化算法、最小化最小工件集周期算法以及遗传算法利用 C++ 语言编程，与优化软件 CPLEX12.4 一起在 CPU 为 Core（TM）i3-2330M、内存为 2.00GB 环境下运行，运行时间为 CPU 时间。优化软件 CPLEX12.4 除了运行时间设置为 3600s 外，其他参数为系统默认。遗传以顺序插入算法生成初始种群，以单点顺序交叉[155]操作和随机交换操作分别作为交叉算子和变异算子，交叉和变异概率分别为 0.9 和 0.3，选择操作为轮盘赌策略，种群大小为 30，算法终止条件以检查 3000 个解为标准，记录的时间为 CPU 时间，单位为秒（s）。

三工作站混流生产机器人制造单元调度问题没有标准算例，采用 Kamoun 等人[71]验证三单元（ThreeCell）算法的数据生成方式产生算例。机器人有载运行时间 $\theta_{j,k} = 6(k \in \Omega^*, j \in \Theta)$；机器人空载运行时间 $\delta_{i,l} = 4 \mid i - l \mid (i, l \in \Omega')$；最小工件集工件个数 n 分别为 6、10、20、50；每个工件在给定工作站上

的加工时间下界 $a_{k,j}$ 为整数，服从 20~99 的均匀分布。

改进的化学反应优化算法运行效果与参数直接相关，且具有较强敏感性。目前还没有文献报道利用化学反应优化算法优化三工作站混流生产机器人制造单元调度问题，改进的化学反应优化算法涉及的参数与化学反应优化算法一致。因此，本书选取 Lam 等人[153]推荐的化学反应优化算法参数值作为改进的化学反应优化算法参数值，具体见表 3-3。改进的化学反应优化算法种群大小和终止条件与遗传算法一样。

表 3-3 改进的化学反应优化算法参数设置

KELossRate	MoleCell	InitialKE	α	β	buffer
0.2	0.2	1000	500	10	0

表 3-4~表 3-7 给出了仿真结果，表中第一列均表示算例。给定工件数，随机生成五个算例，表示为 JnP1，意思是 n 个工件的第 1 个算例。例如：J6P1 和 J10P2 表示六个工件的第一个算例和十个工件的第二个算例。

表 3-4 最小工件集工件数为 6 个时 CPLEX、MinMPSCycle、GA、ICRO 算法计算结果比较

P	CPLEX		MinMPSCycle		GA			ICRO		
	T	MT	ID	MT	ID	MT	STD	ID	MT	STD
J6P1	541	1.25	36.0	0.00	1.0	0.78	2.60	0.0	0.78	0
J6P2	646	2.12	7.00	0.02	0.0	0.75	0.00	0.0	0.76	0
J6P3	617	1.65	7.00	0.00	0.0	0.74	0.00	0.0	0.75	0
J6P4	531	1.45	9.00	0.02	0.0	0.76	0.00	0.0	0.77	0
J6P5	548	1.01	31.0	0.00	1.5	0.77	5.25	0.0	0.77	0

表 3-5 最小工件集工件数为 10 个时 CPLEX、MinMPSCycle、GA、ICRO 算法计算结果比较

P	CPLEX		MinMPSCycle		GA			ICRO		
	T	MT	ID	MT	ID	MT	STD	ID	MT	STD
J10P1	855	3600	49.00	0.02	8.70	2.16	1.47	2.80	2.26	3.57
J10P2	951	3600	63.00	0.00	4.30	2.14	1.47	−1.90	2.24	5.52
J10P3	863	3600	104.00	0.02	0.20	2.15	1.47	−0.60	2.25	0.49
J10P4	933	3600	8.00	0.00	6.40	2.14	1.47	4.00	2.23	4.00
J10P5	904	3600	56.00	0.00	5.10	2.15	1.47	2.60	2.25	3.35

表 3-6　最小工件集工件数为 20 个时 CPLEX、MinMPSCycle、
GA、ICRO 算法计算结果比较

P	CPLEX		MinMPSCycle		GA			ICRO		
	T	MT	IR	MT	IR /%	MT	STD	IR /%	MT	STD
J20P1	—	3600	1833	0.08	3.55	9.74	3.12	5.08	10.08	9.41
J20P2	—	3600	1906	0.05	2.24	9.74	3.12	3.26	10.11	4.97
J20P3	—	3600	1989	0.06	8.06	9.74	3.12	9.16	10.07	11.01
J20P4	1953	3600	1925	0.05	1.54	9.65	3.11	2.37	9.98	3.04
J20P5	—	3600	1946	0.06	6.06	9.69	3.11	6.68	10.00	3.96

注："—"表示没有得到可行解。

表 3-7　最小工件集工件数为 50 个时 CPLEX、MinMPSCycle、
GA、ICRO 算法计算结果比较

P	CPLEX		MinMPSCycle		GA			ICRO		
	T	MT	IR	MT	IR /%	MT	STD	IR /%	MT	STD
J50P1	—	3600	4384	1.36	2.94	89.08	20.85	5.49	91.02	12.73
J50P2	—	3600	4645	1.33	2.06	89.13	28.85	4.30	90.64	12.34
J50P3	—	3600	4620	1.31	3.62	88.67	18.18	5.92	90.24	18.39
J50P4	—	3600	4566	1.31	2.91	89.00	25.15	5.42	90.55	25.75
J50P5	—	3600	4568	1.31	1.34	89.06	27.25	4.33	90.69	12.70

注："—"表示没有得到可行解。

在表 3-4 和表 3-5 中，第二、第三列表示优化软件 CPLEX12.4 得到的目标函数值和运行时间；第五列展示了最小化最小工件集周期算法运行时间；遗传算法和改进的化学反应优化算法获得结果分别列在第六~第八列和第九~第十一列。第七和第十列分别表示各个算例用两种算法计算 10 次的平均运行时间（Mean Time，MT）；第八和第十一列分别表示各个算例用两种算法计算 10 次的标准差（STD）；第四、第六和第九列表示对应算法目标函数值相对优化软件 CPLEX12.4 改进度（Improved Degree，ID）。计算方法见式（3-18），若是采用最小化最小工件集周期算法，T 为对应算例目标函数值；若是遗传算法和改进的化学反应优化算法则分别为对应算例运行 10 次后的平均目标函数值；T_{C} 表示优化软件 CPLEX12.4 计算的目标函数值。

$$ID = T - T_{\mathrm{C}} \tag{3-18}$$

改进度值越小，表示相应算法的目标函数值越接近优化软件 CPLEX12.4 计算的目标函数值。如果为负，表示相应算法的目标函数值优于优化软件 CPLEX12.4 计算的目标函数值。

从表 3-4 可以发现，当最小工件集工件数为 6 时，改进的化学反应优化算法

的运行时间与遗传算法不相上下。改进的化学反应优化算法计算的目标函数值与优化软件 CPLEX12.4 的一致，优于最小化最小工件集周期算法和遗传算法对 J6P1、J6P5 的计算。

虽然改进的化学反应优化算法的运行时间远远小于优化软件 CPLEX12.4 运行时间，但比遗传算法长 0.09s 左右，改进的化学反应优化算法获得的目标函数值最接近优化软件 CPLEX12.4 获得的目标函数值，且 J10P2、J10P3 甚至优于优化软件 CPLEX12.4 获得的目标函数值。优化软件 CPLEX12.4 求得的目标函数值优于遗传和最小化最小工件集周期算法，详见表 3-5。

表 3-6 和表 3-7 不同于表 3-4 和表 3-5 的是，第四列展示了最小化最小工件集周期算法的目标函数值；第六和第九列中，算法改进度由式（3-19）计算。式（3-19）中 T_M 表示最小化最小工件集周期算法的目标函数值，T 分别是对应算例用遗传算法和改进的化学反应优化算法运行 10 次后的平均目标函数值。改进率（Improved Rate，IR）值越大，表示与最小化最小工件集周期算法进行比较的算法寻优能力越强。

$$IR = \left[\left(T_M - T \right) / T_M \right] \times 100\% \qquad (3-19)$$

表 3-6 中列出了 20 个工件时，各种算法的计算结果。虽然改进的化学反应优化算法的运行时间比遗传算法长大约 0.3s，但改进的化学反应优化算法的目标函数值优于优化软件 CPLEX12.4、最小化最小工件集周期算法以及遗传算法。改进的化学反应优化算法对目标函数值的最大改进度为 9.16%，最小改进度为 2.37%，平均改进程度达到了 5.31%；而遗传算法对目标函数值的最大改进度为 8.06%，最小改进度为 1.54%，平均改进程度为 4.29%，显然改进的化学反应优化算法优于遗传算法。

表 3-7 显示，当最小工件集中工件数为 50 时，改进的化学反应优化算法的运行时间平均比遗传算法多出 1.5s 左右，但改进的化学反应优化算法计算目标函数值的最大改进度为 5.92%，最小改进度为 4.30%，平均改进度为 5.09%；遗传算法计算目标函数值的最大改进度为 3.62%，最小改进度为 1.34%，平均改进度为 2.57%。改进的化学反应优化算法的平均改进度大约是遗传算法的两倍。

综合表 3-4~表 3-7 分析可以发现，虽然改进的化学反应优化算法运行时间比遗传算法略长，但精度高；随着工件数增多，改进的化学反应优化算法表现越好。

本节设计了改进的化学反应优化算法优化三工作站混流生产机器人制造单元调度问题。改进的化学反应优化算法以工件加工顺序编码、以提出的顺序插入算法生成初始种群，采用随机交换、单点顺序交叉、随机移动和距离保护交叉操作设计了基本反应算子，利用局部搜索增强了寻优能力。对随机产生算例进行仿真，仿真结果证明了改进的化学反应优化算法优化三工作站混流生产机器人制造单元调度问题的有效性。

3.4 基于局部搜索的化学反应优化算法

在3.3节中，改进的化学反应优化算法被提出，虽然改进的化学反应优化算法具有较强寻优能力，但是存在三点不足：（1）没有讨论改进的化学反应优化算法中参数取值。改进的化学反应优化算法涉及的参数较多，对算法寻优能力影响较大，容易陷入局部最优解。（2）改进的化学反应优化算法局部搜索效果不佳。改进的化学反应优化算法局部搜索设计比较简单，导致算法易于早熟。（3）异常数据对轮盘赌选择策略影响较大。在轮盘赌选择策略中，极大值或极小值强烈影响轮盘赌选择策略，导致算法难以跳出局部最优解。为了改进以上三点不足，本节构建了基于局部搜索的化学反应优化算法。

基于局部搜索的化学反应优化算法在编码方式、解码策略，以及基本反应操作方面与改进的化学反应优化算法一致，下面主要阐述基于局部搜索的化学反应优化算法的创新点。

3.4.1 线性排序选择

由于轮盘赌选择策略易于受到异常值的控制，导致算法陷入局部最优解。为了降低异常值对轮盘赌选择策略的影响，在基于局部搜索的化学反应优化算法中，利用线性排序选择进行选择操作。

线性排序选择的选择概率仅与目标函数值顺序有关，能够有效避免异常个体控制选择过程，影响算法全局收敛能力，是一种有效控制选择压力的方法。基于迭代次数的线性排序选择，在算法运行的早期类似于随机选择，每个分子被选中的机会相差不大，有利于保持解的多样性；随着迭代次数增加，对应目标函数值越小的分子，被选中机会越大，有利于算法深度搜索，提高解的质量。实现步骤如下：

步骤1：根据适应函数势能的倒数计算所有目标函数值的适应值。按照适应值大小排序，适应值越大，位置越靠前。

步骤2：令适应值最好的目标函数值选择操作后的期望数量 η^+ 为：当前迭代次数除以总迭代次数的商加1；适应值最差的目标函数值选择操作后的期望数量 η^- 为：1减去当前迭代次数除以总迭代次数的商。

步骤3：依据式（3-20）计算排序后第 i 个分子被选中的概率 p_i，其中 pop 为当前种群中分子个数。

$$p_i = \frac{1}{pop}\left[\eta^+ - \frac{\eta^+ - \eta^-}{pop - 1} \times (i - 1)\right] \tag{3-20}$$

3.4.2 局部搜索

在改进的化学反应优化算法中，局部搜索通过随机交换实现。随机交换搜索方式简单、易于操作，但缺点是搜索效率不高。为了改进改进的化学反应优化算法的不足，在基于局部搜索的化学反应优化算法中提出了紧后工件阻塞时间最小化交换（Minimization of Blocking Time Close Part，MBTCP）执行局部搜索。紧后工件阻塞时间最小化交换以 MM 算法[157]为基础构建。MM 算法是解决阻塞流水车间调度问题的启发式算法，主要思想是通过优化关键路径长度来产生问题的一个解。

三工作站混流生产机器人制造单元调度问题虽然具有流水车间性质，但是又有区别。流水车间中，工件以固定时间间隔从一个工序流向下一个工序；而三工作站混流生产机器人制造单元调度问题中，工件从一个工序流向下一个工序依赖机器人搬运实现，且间隔时间不固定。

由于三工作站混流生产机器人制造单元调度问题中，假设机器人有载运行时间是定值，空载运行时间是不确定的，结合 MM 算法表达式，本书采用工件加工时间下界作为紧后工件阻塞时间最小化交换中工件加工时间。另外，MM 算法用于生成阻塞流水车间调度问题的一个解，本书需要的是对排好序的工件进行交换。因此紧后工件阻塞时间最小化交换实现步骤如下。

步骤 1：随机选择工件序列中两个不同位置 x、y。

步骤 2：利用式（3-21）和式（3-22）计算对应工件指标值。$\sigma(x)$、$\sigma(y)$分别表示位置 x 和位置 y 对应工件编号，图 3-5 展示了式（3-21）中各符号的含义。

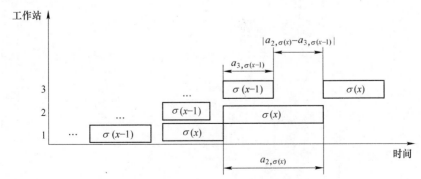

图 3-5　式（3-20）各符号含义

$$f_{\sigma(x)} = \varphi \times \sum_{i=1}^{2} |a_{i,\sigma(x)} - a_{(i+1),\sigma(x-1)}| + (1-\varphi) \times \sum_{i=1}^{3} a_{i,\sigma(x)}$$

(3-21)

$$f_{\sigma(y)} = \varphi \times \sum_{i=1}^{2} |a_{i,\sigma(y)} - a_{(i+1),\sigma(x-1)}| + (1-\varphi) \times \sum_{i=1}^{3} a_{i,\sigma(y)}$$

(3-22)

步骤 3：若工件 $J_{\sigma(x)}$ 对应工件指标值 $f_{\sigma(x)}$ 大于工件 $J_{\sigma(y)}$ 对应工件指标值 $f_{\sigma(y)}$，则交换位置 x 和位置 y 对应工件；否则，回到步骤 1。

从紧后工件阻塞时间最小化交换实现步骤可以发现，随机选择给定工件加工顺序中的两个工件，依据式（3-21）和式（3-22）计算其指标值，如果能减小关键路径长度就交换，否则重新选择需要交换的工件。此外，对紧后工件阻塞时间最小化交换涉及参数 φ，Li 和 Pan[158] 经过研究发现，当 φ 值取 0.6 时，MM 算法具有最好性能。故在紧后工件阻塞时间最小化交换中 φ 取值 0.6。

3.4.3 基于局部搜索的化学反应优化算法步骤

基于局部搜索的化学反应优化算法有如下实现步骤。

步骤 1：设置动能损失率 $KELossRate$、单分子与多分子反应临界点 $MoleColl$、初始动能 $InitialKE$、能量中心 $buffer$、分解反应触发点 α、合成反应触发点 β、初始种群大小 $Popsize$ 的值。

步骤 2：初始化种群。

步骤 3：若当前迭代次数 $NumS$ 小于总迭代次数 $NumM$，执行步骤 4 到步骤 11；否则，转步骤 12。

步骤 4：生成 0 到 1 上随机数 p。

步骤 5：若随机数 p 大于单分子与多分子反应临界点 $MoleColl$，执行步骤 6 到步骤 7；否则，转步骤 8。

步骤 6：利用选择操作，选择一个分子。

步骤 7：若满足分解反应条件，执行分解反应；否则，执行分子与容器壁无效碰撞。

步骤 8：利用选择操作，选择两个不同分子。

步骤 9：若满足合成反应条件，执行合成反应；否则，执行分子间无效碰撞。

步骤 10：更新最小解。

步骤 11：执行局部搜索。

步骤 12：输出近似最优解。

3.4.4 参数设置

化学反应优化算法涉及多个重要参数，比如动能损失率 $KELossRate$、能量

中心 $buffer$、初始动能 $InitialKE$、初始种群大小 $Popsize$、单分子与多分子反应临界点 $MoleColl$、分解反应触发点 α、合成反应触发点 β。这些参数取值与问题高度相关，直接影响化学反应优化算法的寻优能力。在改进的化学反应优化算法中，没有对参数取值进行分析，影响算法收敛速度和搜索效率。

虽然 Lam 等人[152,153]对化学反应优化算法中涉及的参数进行了详细分析，但不适合三工作站混流生产机器人制造单元调度问题。因此，本小节详细分析基于局部搜索的化学反应优化算法中涉及的参数值选取。前三个参数取值选择参考文献 Lam 等人[153]给出的值；为了比较基础相同，将初始种群大小设为30；余下参数通过正交试验[159]获得。

在进行正交试验时，首先确定各参数因素水平。通过因素水平的不同组合，获得较好的参数取值。由于参数取值可参考文献较少，本书主要以 Lam 等人[153]确定的参数取值为依据，确定因素水平。因此，单分子与多分子反应临界点 $MoleColl$、分解反应触发点 α、合成反应触发点 β 三个参数的因素水平见表3-8。

表3-8 参数取值范围

参 数	因素水平		
	1	2	3
α	400	500	600
$MoleColl$	0.2	0.4	0.6
β	10	50	100

根据因素个数和水平，选择 L9（3^3）正交表。对给定参数组合，基于局部搜索的化学反应优化算法独立运行10次，其平均值为响应值，响应值越小，参数组合越好。正交表和响应值见表3-9。依据表3-9，图3-6给出了分解反应触发点 α、单分子与多分子反应临界点 $MoleColl$、合成反应触发点 β 变动趋势。从图3-6可以发现，分解反应触发点 α、单分子与多分子反应临界点 $MoleColl$、合成反应触发点 β 各自的最好取值为400、0.2、10。表3-10展示了各因素相对目标函数值的重要程度，分解反应条件最重要，合成反应条件最不重要。虽然表3-10列出了各因素的重要顺序，但是各因素的极差并不大，表明各参数对目标函数值的影响效果差别不大。综上所述，基于局部搜索的化学反应优化算法的参数取值见表3-11。

表3-9 正交表和响应值

试验次数	因素			响应值
	α	$MoleColl$	β	
1	1	1	1	4106.10

续表 3-9

试验次数	因素			响应值
	α	*MoleColl*	β	
2	1	2	2	4124.50
3	1	3	3	4115.00
4	2	1	2	4120.20
5	2	2	3	4128.70
6	2	3	1	4125.40
7	3	1	3	4119.90
8	3	2	1	4116.50
9	3	3	2	4116.30

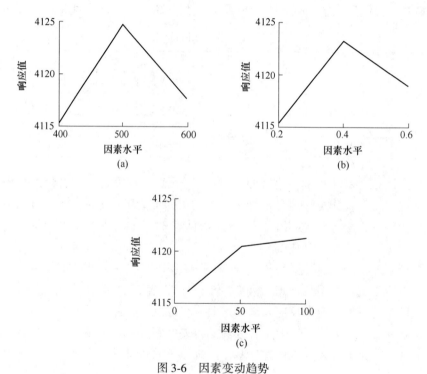

图 3-6 因素变动趋势

（a）α；（b）*MoleColl*；（c）β

表 3-10 平均响应值

因素水平	α	*MoleColl*	β
1	4115.20	4115.40	4116.00

因素水平	α	$MoleColl$	β
2	4124. 77	4123. 23	4120. 33
3	4117. 57	4118. 90	4121. 20
极差	9. 57	7. 83	5. 20
排序	1	2	3

表 3-11 基于局部搜索的化学反应优化算法参数取值

$PopSize$	$KELossRate$	$MoleColl$	$InitialKE$	α	β	$buffer$
30	0. 2	0. 2	1000	400	10	0

3.4.5 算例仿真

本书将基于局部搜索的化学反应优化算法（CROLS）与改进的化学反应优化算法（ICRO）、不包含局部搜索的化学反应优化（CRO）算法、遗传算法（GA）、最小化最小工件集周期（MinMPSCycle）算法[75]进行比较，验证其有效性。用 C++ 语言编程，在 CPU 为 Intel（R）Pentium（R）CPU G2020、内存为 4G 的环境下运行；运行时间为 CPU 时间，单位为 s。终止条件为检查 9000 个解。

三工作站混流生产机器人制造单元调度问题没有标准算例，采用 Kamoun 等人[71]验证三单元算法的数据生成方式产生算例。即机器人有载运行时间 $\theta_{k, j} = 6(k \in \Omega^*, j \in \Theta)$；机器人空载运行时间 $\delta_{i, l} = 4|i - l|$ $(i, l \in \Omega')$；最小工件集工件个数 n 分别为 6、50、100；每个工件在具体工作站上的加工时间下界 $a_{k, j}$ 为整数，且 $a_{k, j}$ 服从 20~99 的均匀分布。

仿真实验中，相同工件数分别生成 10 个算例，每个算例独立运行 10 次，平均目标函数值记为 $\overline{T_i}$，平均运行时间记为 $AVGT_i (i = 1, 2, 3, \cdots, 10)$。$T_M$ 为最小化最小工件集周期算法求得的目标函数值。$AVGIR_i$ 表示用式（3-23）计算的第 i 个算例改进率，$\overline{AVGIR}$、$\overline{AVGT}$ 分别表示（3-24）式和（3-25）式计算的 10 个算例的平均改进率和平均运行时间。

$$AVGIR_i = \left[(T_M - \overline{T_i})/T_M \right] \times 100\% \qquad (3-23)$$

$$\overline{AVGIR} = \sum_{i=1}^{10} AVGIR_i / 10 \qquad (3-24)$$

$$\overline{AVGT} = \sum_{i=1}^{10} AVGT_i / 10 \qquad (3-25)$$

表 3-12~表 3-14 中，第一列表示问题类型 P，如 J6P1 和 J10P2 表示六个工件的第一个问题和十个工件的第二个问题。第二列是最小化最小工件集周期算法求得的目标函数值，记为 MMC；第三和第四列是遗传算法的运算结果；第五列和第六列、第九列和第十列分别是改进的化学反应优化算法、基于局部搜索的化学反应优化算法的运算结果。

表 3-12　最小工件集工件数为 6 个时 MinMPSCycle、
GA、ICRO、CRO、CROLS 算法的结果比较

P	MMC	GA		CRO		ICRO		CROLS	
		AVGIR /%	AVGT	AVGIR /%	AVGT	AVGIR /%	AVGT	AVGIR /%	AVGT
J6P1	577	6.14	1.64	6.21	1.56	6.24	1.75	6.24	1.75
J6P2	653	1.07	1.59	1.07	1.51	1.07	1.67	1.07	1.67
J6P3	624	1.12	1.60	1.12	1.55	1.12	1.69	1.12	1.69
J6P4	540	1.67	1.63	1.67	1.57	1.67	1.72	1.67	1.72
J6P5	579	5.35	1.63	5.35	1.57	5.35	1.73	5.35	1.73
J6P6	550	4.55	1.62	4.55	1.69	4.55	1.73	4.55	1.68
J6P7	491	2.04	1.62	2.04	1.70	2.04	1.73	2.04	1.68
J6P8	617	5.35	1.63	5.35	1.69	5.35	1.73	5.35	1.69
J6P9	580	3.45	1.62	3.45	1.67	3.45	1.70	3.45	1.66
J6P10	570	0.70	1.63	0.70	1.68	0.70	1.74	0.70	1.69

表 3-13　最小工件集工件数为 50 个时 MinMPSCycle、
GA、ICRO、CRO、CROLS 算法的结果比较

P	MMC	GA		CRO		ICRO		CROLS	
		AVGIR /%	AVGT	AVGIR /%	AVGT	AVGIR /%	AVGT	AVGIR /%	AVGT
J50P1	4384	4.77	198.03	6.54	207.97	6.53	210.03	7.01	207.78
J50P2	4645	3.70	197.58	5.64	210.66	5.81	207.46	6.06	209.36
J50P3	4620	5.34	196.57	6.96	209.57	7.02	206.95	7.05	208.31
J50P4	4566	4.90	197.48	6.57	209.77	6.87	207.93	6.90	212.20
J50P5	4568	3.78	197.85	5.87	208.18	5.91	208.63	6.16	209.90
J50P6	4387	3.89	197.98	6.07	202.47	5.95	205.11	6.22	202.35
J50P7	4623	6.05	197.60	8.08	202.37	8.16	204.36	8.51	201.42
J50P8	4664	3.74	197.96	5.21	202.95	5.40	205.48	5.61	202.14
J50P9	4587	5.28	198.46	6.93	203.05	6.97	205.46	7.14	202.07
J50P10	4644	6.65	199.47	8.12	201.84	8.18	203.52	8.49	201.58

表 3-14 最小工件集工件数为 100 个时 MinMPSCycle、
GA、ICRO、CRO、CROLS 的结果比较

P	MMC	GA		CRO		ICRO		CROLS	
		AVGIR /%	AVGT	AVGIR /%	AVGT	AVGIR /%	AVGT	AVGIR /%	AVGT
J100P1	9083	3.62	1237.60	6.28	1263.80	7.42	1290.48	8.10	1283.81
J100P2	9364	3.44	1235.82	5.98	1266.47	7.16	1288.66	7.80	1278.21
J100P3	9121	3.89	1235.25	6.32	1266.35	7.37	1289.71	7.94	1278.01
J100P4	9153	3.54	1233.58	5.81	1263.15	6.87	1287.86	7.62	1271.60
J100P5	8909	1.17	1235.49	3.62	1265.20	4.70	1287.86	5.29	1278.25
J100P6	9300	3.03	1236.75	5.60	1262.50	7.09	1290.71	7.44	1284.45
J100P7	9273	4.92	1239.41	7.36	1268.91	8.13	1294.92	8.74	1284.05
J100P8	9003	1.06	1236.88	3.67	1265.40	4.95	1289.31	5.40	1277.62
J100P9	9228	2.00	1233.58	4.01	1265.27	5.44	1290.78	6.04	1274.11
J100P10	9338	4.14	1236.09	6.64	1270.44	8.10	1290.26	8.72	1276.68

　　由表 3-12 统计发现，对 J6P1，改进的化学反应优化算法、基于局部搜索的化学反应优化算法对目标函数的改进程度相同，且优于遗传算法。余下问题，所有进化算法对目标函数的改进程度都一样。所有进化算法的计算时间都相差不大。

　　表 3-13 结果显示，改进的化学反应优化算法、基于局部搜索的化学反应优化算法、化学反应优化算法对目标函数值的平均改进率都好于遗传算法。其中基于局部搜索的化学反应优化算法表现最好，对目标函数值的平均改进率最大为 8.51%，最小为 5.61%，与遗传算法比较，平均改进率提高了 2%左右。计算时间分析，遗传算法最短，约比基于局部搜索的化学反应优化短 7s，最差是改进的化学反应优化算法，化学反应优化算法与基于局部搜索的化学反应优化算法计算时间相差不大，介于遗传算法与改进的化学反应优化算法之间。总体来看，相对于遗传算法，基于局部搜索的化学反应优化算法虽然计算时间长了 7s，但是解的改进率提高了 2%；相对改进的化学反应优化算法和化学反应优化算法，计算时间差不多，但改进率都有提高，验证了紧后工件阻塞时间最小化交换的有效性。

　　表 3-14 展示了 100 个工件时各种算法的运算结果。基于局部搜索的化学反应优化算法优于改进的化学反应优化算法，改进的化学反应优化算法优于化学反应优化算法，化学反应优化算法优于遗传算法，基于局部搜索的化学反应优化算法平均改进率最少为 5.29%，最多为 8.74%。而遗传算法的平均改进率最少为

1.06%，最多为4.92%。从计算时间分析，遗传算法最短；其次，化学反应优化算法最短，但比遗传算法长约29.26s，最差为改进的化学反应优化算法，大约比基于局部搜索的化学反应优化算法长14.20s。所以，无论从计算时间，还是求解质量两个方面分析，基于局部搜索的化学反应优化算法优于改进的化学反应优化算法，也证明了紧后工件阻塞时间最小化交换的有效性。

由表3-12~表3-14可以发现，基于局部搜索的化学反应优化算法、改进的化学反应优化算法和化学反应优化算法好于遗传算法、最小化最小工件集周期算法，且随着工件数规模的增加，这三种算法在求解精度上表现得越来越好，证实了化学反应优化算法具有较强竞争力。就基于局部搜索的化学反应优化算法、改进的化学反应优化算法和化学反应优化算法分析，加入了局部搜索的算法优于没有局部搜索的算法。基于局部搜索的化学反应优化算法和改进的化学反应优化算法比较，基于局部搜索的化学反应优化算法更优。图3-8也能得到类似结论。

图3-7显示了化学反应优化算法优于遗传算法，且工件数越多，表现越好；工件数大于20时，遗传算法改进率变差，过早收敛于局部最优解；化学反应优化算法在工件数为100时，也表现出了早熟。

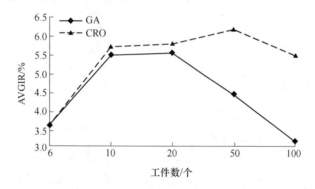

图 3-7　GA、CRO 算法改进率比较

图3-8中，证明了紧后工件阻塞时间最小化交换比随机交换更有效。基于局部搜索的化学反应优化算法表现最好，随着工件数增加，改进率越来越大，虽然改进的化学反应优化算法也具有相同趋势，但随着工件数增加，改进率比基于局部搜索的化学反应优化算法差；化学反应优化算法最差，当工件数为100时，收敛到局部最优解。

表3-15展示了各种算法运行时间。从单个算法分析，随工件数增加，运行时间急剧增长，因此算法还有改进空间。化学反应优化算法相对于遗传算法，运算时间最长增加29.7s。改进的化学反应优化算法、基于局部搜索的化学反应优化算法相对于化学反应优化算法，改进的化学反应优化算法最慢，大约最多多花

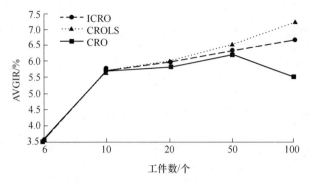

图 3-8　CRO、ICRO、CROLS 算法改进率比较

27.134s，基于局部搜索的化学反应优化算法与化学反应优化算法相差不大，结合图 3-8 证明了紧后工件阻塞时间最小化交换的有效性。

表 3-15　算法运行时间

工件数/个	算法/s			
	GA	CRO	ICRO	CROLS
6	1.621	1.639	1.708	1.686
10	4.710	4.732	4.773	4.782
20	21.235	21.835	21.808	21.736
50	197.839	204.644	205.780	204.395
100	1236.700	1265.964	1293.098	1278.894

　　图 3-9 展示了工件数为 50 时，遗传算法、化学反应优化算法、改进的化学反应优化算法与基于局部搜索的化学反应优化算法收敛曲线。无论在收敛速度还是解的质量上遗传算法最差；改进的化学反应优化算法在收敛速度上好于化学反应优化算法，收敛最终结果与化学反应优化算法差别不大；基于局部搜索的化学反应优化算法最好。改进的化学反应优化算法收敛速度快于化学反应优化算法，但解的质量相差不大，证明了基于局部搜索的化学反应优化算法具有较强寻优能力。

　　本节设计了基于局部搜索的化学反应优化算法用于求解三工作站混流生产机器人制造单元调度问题。在基于局部搜索的化学反应优化算法中，利用正交试验确定了参数取值，主要创新点在于设计了紧后工件阻塞时间最小化交换进行局部搜索。仿真结果表明，基于局部搜索的化学反应优化算法具有较快的收敛速度和较高的求解质量。另外，作为本节的一个副产品，验证了化学反应优化算法比遗传算法更有竞争力。

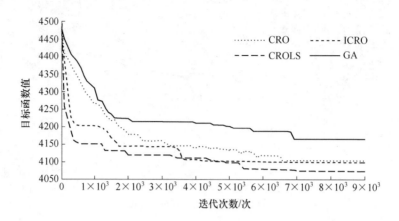

图 3-9　算法收敛曲线

3.5　本 章 小 结

　　本章针对三工作站混流生产机器人制造单元调度问题，首次引入了进化算法求解该 NP 难问题。为了设计进化算法，首先，提出顺序插入算法生成初始种群；其次，利用置换流水车间可行解性质，构建了基本反应算子；最后，设计了两个不同的局部搜索方式，随机搜索和紧后工件阻塞时间最小化交换搜索，构建了两种不同的算法，即改进的化学反应优化算法和基于局部搜索的化学反应优化算法。基于随机生成算例的仿真实验表明，相对于遗传算法和最小化最小工件集周期算法，这两种算法都有效，都具有竞争力。就这两种算法分析，基于局部搜索的化学反应优化算法更优。

　　针对三工作站混流生产机器人制造单元调度问题，采用上述优化方法，通过科学安排工件输入顺序和合理规划机器人运行顺序，缩短了晶圆在热处理工序的停留时间，减少了水、电等资源消耗量，降低了污染物排放量，减轻了环境污染。由于缩短了晶圆在热处理工序的停留时间，提升了单位时间内加工晶圆数，降低了晶圆平均加工时间，改进了加工效率，改善了机器人制造单元利用率，从而能够有效应对快速多变的市场需求，及时满足顾客的交货时间要求。综合以上分析，针对混流生产机器人制造单元调度化学反应算法优化研究，有效改善了企业面临的运营管理和发展环境，增强了企业竞争实力，为改善机器人制造单元的运营管理提供了理论依据。

4 多工作站混流生产机器人制造单元调度问题优化方法

为了便于理解，本章以集成电路产业半导体芯片生产中晶圆生产为例来阐述所研究问题的背景及意义。由于晶圆生产工艺流程的特殊性，半导体生产是高耗能（主要包括水、电等）、高污染（主要包括废水、废气以及有毒、有害化学物质）行业，因此在水资源日益短缺、环境污染日益加重、民众环保意识日益增强、国家环保政策日益严厉的时代背景下，大多数半导体生产企业正面临日益严重的发展危机。市场需求改变，顾客要求增加，大多数半导体生产企业又面临日益严重的经营危机。为此，改进机器人制造单元调度策略，提升机器人制造单元生产率，不仅能够缓解半导体生产企业的经营危机，还能改善半导体生产企业的发展危机。

半导体芯片生产中晶圆生产工序主要有：氧化、热处理、沉淀、离子注入、溅射、光刻、刻蚀和清洗。在满足生产工艺条件下，工件在工作站停留时间越短，其消耗的各种资源量越少，比如水、电以及各种化学溶液，相应生产成本也就越低。从企业发展角度考虑，晶圆生产工艺中的离子注入、光刻以及刻蚀等工序还涉及化学溶液，由于资源消耗量越小，因而排出的化学废物量也就越小，对环境污染也就越小。由于各国政府制定了越来越严格的环保法令，如果超出法律规定量，政府将对相应企业采取严厉的行政处罚措施。比如，我国政府制定了《中华人民共和国环境保护税法》，对造成水污染、大气污染和土壤污染的企业将征收环境保护税，促进半导体企业优化、改进生产流程，改革生产工艺。为了节约资源，合理利用资源，政府还对水电资源消耗量大的企业收取高于居民消费价格数倍的工业消费价格。从企业经营角度分析，市场需求由少品种、大批量向多品种、小批量变化，顾客对产品交货时间、交货质量等要求越来越苛刻，使得企业尽可能采用混流生产方式，满足不同市场和不同顾客需求。同时，晶圆生产属于资金密集型行业，晶圆加工设备投资占75%以上。例如士兰公司于2020年底在厦门建成投产的士兰12in（300mm）特色工艺半导体芯片制造生产线投资总额高达170亿元，因此，实业界更关注如何充分、合理利用现有调度资源，合理规划机器人运行顺序和科学决策工件加工顺序，从而提高机器人制造单元生产效率。

综合上述分析，大多数半导体企业面临资金不足、环境污染行政处罚、市场变换迅速以及顾客要求苛刻的多重压力，如何从生产运作管理角度着手来合理调度机器人运行顺序和科学安排工件加工顺序，从而最小化制造周期、最大化生产效率，不但能减少污染物排放量，降低资源消耗量，提高资金利用率，还能快速适应市场变化和及时满足顾客需求，最大化设备利用率，缓解企业经营和发展危机，实现企业可持续发展。因此，研究多工作站混流生产机器人制造单元调度问题优化方法具有重要理论意义和现实意义。研究成果将为我国半导体企业提升资源利用率，减低单位产品生产成本，培养企业快速应对市场变化能力，满足顾客需求方面提供重要的生产运作和企业运营管理理论支撑。

本章与第 3 章都研究混流生产机器人制造单元调度问题优化方法，但是本章与第 3 章研究内容的关系是：(1) 从研究问题分析，本章研究问题是第 3 章研究问题的一般化，更具有适用价值；(2) 从研究问题的数学模型分析，本章研究问题数学模型与第 3 章研究问题数学模型没有本质区别。本章与第 3 章研究内容的最大区别是：从生产实际角度考虑，第 3 章研究问题仅仅是半导体企业晶圆生产过程中的一道工序，是晶圆生产中的局部调度问题，并不是晶圆生产的整个过程；本章研究问题是半导体企业晶圆生产过程中的全局问题，聚焦晶圆生产的整个过程，为了简化研究问题，把第 3 章研究问题整体作为本章研究问题的一道工序。从理论角度分析，第 3 章研究了三工作站混流生产机器人制造单元调度化学反应算法优化，基本思路是：首先，将三工作站混流生产机器人制造单元调度问题转化为两工作站混流生产机器人制造单元调度问题；其次，通过枚举两工作站混流生产机器人制造单元调度问题机器人运行顺序求得两工作站混流生产机器人制造单元调度问题最优解；最后，将第三个机器人移动插入两工作站混流生产机器人制造单元调度问题最优解中所有可能位置，获得三工作站混流生产机器人制造单元调度问题近似最优解。这种优化思路不合适多工作站混流生产机器人制造单元调度问题，理由有两个：随着机器人制造单元中工作站数增多，一方面插入机器人移动的可能位置数增长较快，实际操作不可行；另一方面需要插入的机器人移动数也越来越多，操作难度和复杂度变大。因此，本章针对多工作站混流生产机器人制造单元调度优化方法问题，另辟蹊径，创造性提出了机器人活动编码，将双排序问题变为单排序问题，探讨了多工作站混流生产机器人制造单元调度问题可行解性质，设计了优化方法。

4.1 问 题 描 述

一个典型混流生产机器人制造单元由工作站 P_0、工作站 P_1、工作站 P_2、…、

工作站 P_m、工作站 P_{m+1} 共 $m+2$ 个工作站和一个机器人组成，其中 P_0 为装载站，P_{m+1} 为卸载站。共有 n 个类型不完全相同的工件，组成最小工件集（Minimal Part Set，MPS），在机器人制造单元上同时被加工。每个工件从装载站 P_0 进入机器人制造单元，依次在工作站 P_1、工作站 P_2、…、工作站 P_m 上加工，最后从卸载站 P_{m+1} 离开机器人制造单元。所有工件具有相同加工工艺，但是不同工件在同一工作站上加工时间一般不同。工件 $J_j(j \in \Theta = \{1, 2, \cdots, n\})$ 在工作站 $P_i(i \in \Omega = \{1, 2, \cdots, m\})$ 的加工时间下界为 $a_{i,j}$。机器人负责将工件从装载站搬运到工作站、从一个工作站搬运到下一个工作站以及从工作站搬运到卸载站，并且在任何时刻机器人最多能搬运一个工件。将工件 J_j 从工作站 P_i 搬运到工作站 P_{i+1} 命名为机器人移动 $r_{i,j}(i \in \Omega^* = \Omega \cup \{0\})$，机器人移动 $r_{i,j}$ 由三步组成：（1）将工件 J_j 从工作站 P_i 卸下；（2）将工件 J_j 从工作站 P_i 搬运到工作站 P_{i+1}；（3）将工件 J_j 装入工作站 P_{i+1}，耗时 $\theta_{i,j}$。机器人不搬运工件从工作站 P_q 移动到工作站 P_l 称为空载运行，耗时 $\delta_{q,l}(q \neq l; q, l \in \Omega' = \Omega^* \cup \{m+1\})$。机器人制造单元在一个制造周期中加工一个最小工件集。目标是最小化两个相邻最小工件集的第一个工件进入机器人制造单元的时间间隔，即制造周期 T。本书假设相邻工作站之间有载运行时间不小于空载运行时间，运行时间满足三角不等式，即式（4-1）和式（4-2）成立。

$$\theta_{i,j} \geqslant \delta_{i,i+1} \qquad j \in \Theta, \, i \in \Omega^* \qquad (4\text{-}1)$$

$$\delta_{q,k} \leqslant \delta_{q,l} + \delta_{l,k} \qquad q, \, k, \, l \in \Omega' = \Omega^* \cup \{m+1\} \qquad (4\text{-}2)$$

其他符号定义如下：

（1）决策变量。

$t_{i,j}$：机器人移动 $r_{i,j}$ 的开始时间（$i \in \Omega^*$，$j \in \Theta$），且 $t_{i,j} < T$。

$y_{l,p}^{i,j}$：0-1 变量，中间变量，当 $t_{i,j} > t_{l,p}$ 时，取值为 1；其他取值为 0（$i, l \in \Omega^*$，$j, p \in \Theta$）。

（2）参数。

M：足够大的正整数。

μ：$\{1, 2, 3, \cdots, n(m+1)-1\} \rightarrow \{1, 2, 3, \cdots, n(m+1)-1\}$ 是一个置换。

$Rtodo$：未排序机器人活动集合。

$Rdone$：已排序机器人活动集合。

4.2　模型构建

可行多工作站混流生产机器人制造单元调度策略必须满足加工时间约束、机器人容量约束和工作站容量约束三类约束，接下来用数学语言详细刻画这三类约束。

加工时间约束，是指任意工件 $J_j(j \in \Theta)$ 在工作站 $P_i(i \in \Omega)$ 的加工时间不小于加工时间下界 $a_{i,j}$。本书研究周期调度，工件在工作站上的加工情形有两种。情形 1：工件在当前周期被输入，也在当前周期被输出，即加工完成；情形 2：工件在上一周期被输入，但在当前周期被输出，即工件加工跨越了两个周期。

情形 1：工件 $J_j(j \in \Theta)$ 在工作站 $P_i(i \in \Omega)$ 的加工时间开始于 $t_{i-1,j} + \theta_{i-1,j}$，结束于 $t_{i,j}$，故有下式成立：

$$t_{i,j} - (t_{i-1,j} + \theta_{i-1,j}) \geqslant a_{i,j} \qquad j \in \Theta, i \in \Omega \qquad (4\text{-}3a)$$

情形 2：工件 $J_j(j \in \Theta)$ 在工作站 $P_i(i \in \Omega)$ 的加工时间开始于 $t_{i-1,j} + \theta_{i-1,j}$，结束于 $T + t_{i,j}$，故有下式成立：

$$(T + t_{i,j}) - (t_{i-1,j} + \theta_{i-1,j}) \geqslant a_{i,j} \qquad j \in \Theta, i \in \Omega \qquad (4\text{-}3b)$$

式（4-3a）与式（4-3b）不同，是因为 $t_{i,j}$ 与 $t_{i-1,j}$ 的大小不一样。当 $t_{i,j} > t_{i-1,j}$ 时，说明这两个时间同属于一个周期；反之，则说明这两个时间属于不同周期。因此，引入 0-1 变量后，由式（4-3a）与式（4-3b）可得式（4-4）。

$$(y_{i,j}^{i-1,j} T + t_{i,j}) - (t_{i-1,j} + \theta_{i-1,j}) \geqslant a_{i,j} \qquad j \in \Theta, i \in \Omega \qquad (4\text{-}4)$$

在任何时候，机器人最多能搬运一个工件。也就是说，在相邻两个机器人有载运行之间应该有足够的时间满足机器人的空载运行时间。因此，式（4-5a）与式（4-5b）有且仅有一个成立。

$$t_{i,j} - t_{l,p} \geqslant \theta_{l,p} + \delta_{l+1,i} \qquad i, l \in \Omega^* \ j, p \in \Theta \qquad (4\text{-}5a)$$

$$t_{l,p} - t_{i,j} \geqslant \theta_{i,j} + \delta_{i+1,l} \qquad i, l \in \Omega^* \ j, p \in \Theta \qquad (4\text{-}5b)$$

引入 0-1 变量和足够大的正整数 M 后，式（4-5a）与式（4-5b）可以转化为以下两式同时成立。

$$t_{i,j} - t_{l,p} \geqslant \theta_{l,p} + \delta_{l+1,i} - M(1 - y_{l,p}^{i,j}) \qquad i, l \in \Omega^* \ j, p \in \Theta \quad (4\text{-}6)$$

$$t_{l,p} - t_{i,j} \geqslant \theta_{i,j} + \delta_{i+1,l} - My_{l,p}^{i,j} \qquad i, l \in \Omega^* \ j, p \in \Theta \quad (4\text{-}7)$$

在任何时刻，工作站 $P_i(i \in \Omega)$ 仅能容纳一个工件。因此，在每个周期开始时刻，工作站 $P_i(i \in \Omega)$ 仅存在两种情形，工作站 $P_i(i \in \Omega)$ 为空或工作站 $P_i(i \in \Omega)$ 非空。

当工作站 $P_i(i \in \Omega)$ 为空时，对任意工件 $J_j(j \in \Theta)$ 有不等式 $t_{i,j} > t_{i-1,j}$ 成立。先于工件 J_j 进入机器人制造单元的工件 $J_p(p \in \Theta)$ 有不等式 $t_{i-1,j} > t_{i,p}$ 成立；后于工件 J_j 进入机器人制造单元的工件 $J_p(p \in \Theta)$ 有不等式 $t_{i-1,p} > t_{i,j}$ 成立。因此，对于工件 J_j 与工件 $J_p(j \neq p \text{ 且 } j, p \in \Theta)$，式（4-8a）与式（4-8b）有且仅有一个成立。

$$t_{i,j} > t_{i-1,j} > t_{i,p} > t_{i-1,p} \qquad (4\text{-}8a)$$

$$t_{i,p} > t_{i-1,p} > t_{i,j} > t_{i-1,j} \qquad (4\text{-}8b)$$

当工作站 $P_i(i \in \Omega)$ 非空时，不失一般性，假设被工件 $J_j(j \in \Theta)$ 占用，意思是工件 J_j 在上个周期被输入，在当前周期被输出，因此有不等式 $t_{i-1, j} > t_{i, j}$ 成立。当前所有在工作站 $P_i(i \in \Omega)$ 加工的工件都在工件 J_j 之后，故对任意工件 $J_p(p \in \Theta)$ 有不等式 $t_{i, p} > t_{i-1, p}$ 成立。综合以上分析，对于工件 J_j 与工件 $J_p(j \neq p$ 且 $j, p \in \Theta)$ 有式（4-8c）成立。

$$t_{i-1, j} > t_{i, p} > t_{i-1, p} > t_{i, j} \tag{4-8c}$$

依据 0-1 变量 $y_{l, p}^{i, j}$ 的定义，结合式（4-8a）、式（4-8b）与式（4-8c），有式（4-9）成立。

$$y_{i, p}^{i-1, j} + y_{i, p}^{i-1, j} + y_{i, j}^{i-1, p} + y_{i, j}^{i-1, p} \geq 3 \qquad j \neq p \text{ 且 } j, p \in \Theta, i \in \Omega \tag{4-9}$$

每个周期开始时刻，当工作站 $P_i(i \in \Omega)$ 非空时，不失一般性，假设被工件 $J_j(j \in \Theta)$ 占用，则不等式 $t_{i-1, j} > t_{i, j}$ 成立，其他工件满足不等式 $t_{i, p} > t_{i-1, p}$ $(j \neq p$ 且 $j, p \in \Theta)$。当工作站 $P_i(i \in \Omega)$ 为空时，对所有工件 $J_j(j \in \Theta)$ 有不等式 $t_{i, j} > t_{i-1, j}$ 成立。综合以上分析，引入 0-1 变量，有式（4-10）成立。

$$\sum_{j=1}^{n} y_{i, j}^{i-1, j} \leq 1 \qquad i \in \Omega \tag{4-10}$$

除以上三类约束外，为了减少搜索空间，提高搜索效率，有式（4-11）和式（4-12）两个不等式成立。在介绍这两个不等式之前，先给出一个假设。由于本书研究周期调度，不失一般性，总认为工件 J_1 是第一个进入机器人制造单元的工件，总认为移动 $r_{0, 1}$ 是周期调度中第一个机器人移动，即 $t_{0, 1} = 0$。

任意机器人移动 $r_{i, j}(i \in \Omega^*, j \in \Theta$ 且 $i \neq 0$ 或 $j \neq 1)$ 的开始时间 $t_{i, j}$ 不小于 $t_{0, 1}$、机器人有载运行时间与机器人空载运行时间之和，即有式（4-11）成立。

$$t_{i, j} \geq t_{0, 1} + \theta_{0, 1} + \delta_{1, i} \qquad i \in \Omega^*, j \in \Theta \text{ 且 } i \neq 0 \text{ 或 } j \neq 1 \tag{4-11}$$

制造周期不小于任意机器人移动 $r_{i, j}(i \in \Omega^*, j \in \Theta)$ 的开始时间 $t_{i, j}$、机器人有载运行时间与机器人空载运行到装载站 P_0 的时间之和，即有式（4-12）成立。

$$T \geq t_{i, j} + \theta_{i, j} + \delta_{i+1, 0} \qquad i \in \Omega^*, j \in \Theta \tag{4-12}$$

综合以上分析，构建多工作站混流生产机器人制造单元调度问题的数学模型如下：

目标函数为：

$$\text{Minimize } T \tag{4-13}$$

约束条件为：

$$(y_{i, j}^{i-1, j} T + t_{i, j}) - (t_{i-1, j} + \theta_{i-1, j}) \geq a_{i, j} \qquad j \in \Theta, i \in \Omega \tag{4-14}$$

$$t_{i, j} - t_{l, p} \geq \theta_{l, p} + \delta_{l+1, i} - M(1 - y_{l, p}^{i, j}) \qquad i, l \in \Omega^*, j, p \in \Theta \tag{4-15}$$

$$t_{l, p} - t_{i, j} \geq \theta_{i, j} + \delta_{i+1, l} - M y_{l, p}^{i, j} \qquad i, l \in \Omega^*, j, p \in \Theta \tag{4-16}$$

$$y_{i-1,\,j}^{i,\,j} + y_{i,\,p}^{i-1,\,j} + y_{i-1,\,p}^{i,\,p} + y_{i,\,j}^{i-1,\,p} \geqslant 3 \qquad j \neq p \text{ 且 } j,\,p \in \Theta,\,i \in \Omega$$
$$\tag{4-17}$$

$$\sum_{j=1}^{n} y_{i,\,j}^{i-1,\,j} \leqslant 1 \qquad i \in \Omega \tag{4-18}$$

$$t_{i,\,j} \geqslant t_{0,\,1} + \theta_{0,\,1} + \delta_{1,\,i} \qquad i \in \Omega^*,\,j \in \Theta \text{ 且 } i \neq 0 \text{ 或 } j \neq 1 \quad (4-19)$$

$$T \geqslant t_{i,\,j} + \theta_{i,\,j} + \delta_{i+1,\,0} \qquad i \in \Omega^*,\,j \in \Theta \tag{4-20}$$

$$t_{i,\,j} \geqslant 0 \qquad i \in \Omega^*,\,j \in \Theta \tag{4-21}$$

$$T \geqslant 0 \tag{4-22}$$

$$y_{l,\,p}^{i,\,j} = \begin{cases} 1 & t_{i,\,j} > t_{l,\,p} \\ 0 & \text{其他} \end{cases} \tag{4-23}$$

$$M \text{ 为充分大的正整数} \tag{4-24}$$

例如：由装载站 P_0、工作站 P_1、工作站 P_2、工作站 P_3、工作站 P_4、卸载站 P_5 共 6 个工作站和一个机器人组成的机器人制造单元。工件个数以及每个工件在工作站上的加工时间下界由表 4-1 给出。空载运行时间 $\delta_{q,\,k} = 4|q-k|$（q，$k = 0,\,1,\,2,\,3,\,4,\,5$）；有载运行时间 $\theta_{i,\,j} = 5$（$i = 0,\,1,\,2,\,3,\,4$；$j = 1,\,2,\,3$）。图 4-1 给出了机器人制造单元周期调度示意图。

表 4-1　工件加工时间下界

工件	P_1	P_2	P_3	P_4
J_1	25	30	40	35
J_2	40	80	20	15
J_3	10	70	45	30

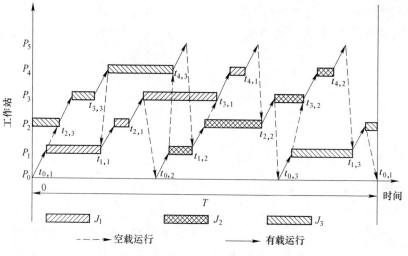

图 4-1　机器人制造单元周期调度示意图

4.3 问 题 分 析

求解多工作站混流生产机器人制造单元调度问题的解，实际就是找到一个机器人移动排序，也就是机器人移动 $r_{i,j}$ 的开始时间 $t_{i,j}(j \in \Theta, i \in \Omega^*)$ 的排序。在这个排序中，总认为 $t_{0,1} = 0$ 是左边第一个。多工作站混流生产机器人制造单元调度问题的一个解包含 $n(m+1)$ 个机器人移动，因此多工作站混流生产机器人制造单元调度问题的解 X 可表示为：$X = (t_{[0],[0]}, t_{[1],[1]}, t_{[2],[2]}, \cdots, t_{[n(m+1)],[n(m+1)]})$，其中 $t_{[k],[k]} = t_{i,j}$ 表示机器人移动 $r_{i,j}$ 的开始时间。为了判断机器人移动 $r_{i,j}$ 的开始时间 $t_{i,j}$ 排序是否可行，首先给出定义 4.1。

定义 4.1 同时满足以下条件的 $t_{i,j}(j \in \Theta, i \in \Omega^*)$ 排序 X 是可行的：

（1）机器人移动 $r_{i,j}$ 被执行之前，工件 $J_j(j \in \Theta)$ 必须被装载在工作站 $P_i(i \in \Omega)$ 上，且被加工完成。

（2）禁止机器人向空工作站卸载工件。

（3）禁止机器人向非空工作站装载工件。

依据定义 4.1，解 $X = (t_{0,1}, t_{2,3}, t_{3,3}, t_{1,1}, t_{2,1}, t_{0,2}, t_{4,3}, t_{1,2}, t_{3,1}, t_{4,1}, t_{2,2}, t_{0,3}, t_{3,2}, t_{4,2}, t_{1,3})$ 是四工作站混流生产机器人制造单元调度问题的一个可行解；而解 $X_1 = (t_{0,1}, t_{2,3}, t_{3,3}, t_{1,1}, t_{2,1}, t_{0,2}, t_{4,3}, t_{1,2}, t_{3,1}, t_{4,1}, t_{2,2}, t_{0,3}, t_{4,2}, t_{3,2}, t_{1,3})$ 是四工作站混流生产机器人制造单元调度问题的一个不可行解，因为机器人移动 $r_{4,2}$ 被要求从工作站 P_4 上卸下工件，但工作站 P_4 是空的，违反了定义 4.1 中的条件（2）。

定义 4.1 给出了混流生产机器人制造单元调度问题可行解的定义，由于加工单类型工件机器人制造单元调度问题是混流生产机器人制造单元调度问题的特例，因此该定义也适用于加工单类型工件机器人制造单元调度问题。

由于本书研究混流生产机器人制造单元周期调度，允许工件跨周期加工，这也是不同于经典车间调度的地方，因此，经典车间调度中归纳、总结的可行解性质不适用于混流生产机器人制造单元周期调度问题。为了有效优化混流生产机器人制造单元周期调度问题，接下来探讨可行解性质。在已出版文献中，混流生产机器人制造单元周期调度问题可行解性质已有部分研究，但都是针对有限等待混流生产机器人制造单元周期调度问题。有限等待混流生产机器人制造单元周期调度问题是无限等待混流生产机器人制造单元周期调度问题的特例，因此这些可行解性质也适用于本书讨论的混流生产机器人制造单元周期调度问题。

本书将引理 2[28] 拓展到多工作站混流生产机器人制造单元调度问题，并且将该结论证明为充要条件。

引理 1　解 X 是混流生产机器人制造单元调度问题的可行解，当且仅当每对连续工作站 P_i 之间有且仅有一个工作站 P_{i+1}，且工作站 P_{i+1} 与前一个工作站 P_i 加工相同工件。

证明：充分性证明详见引理 2[28]。

必要性证明。因为 X 是混流生产机器人制造单元调度问题的一个解，那么依据多度调度定义[29]，解 X 中，工作站 P_i 的个数与工作站 P_{i+1} 的个数一样多。又因为每对连续工作站 P_i 之间有且仅有一个工作站 P_{i+1}，意思是工作站 P_i 与工作站 P_{i+1} 交叉出现；又由于工作站 P_{i+1} 与前一个工作站 P_i 加工相同工件，结合无限等待条件，满足定义 4.1 中条件（1）。因为研究的是无限等待混流生产机器人制造单元调度问题，理论上允许工件在工作站上等待无限长时间，因此依据引理 1[28]，满足定义 4.1 中条件（2）和条件（3），故解 X 是可行解。因此，必要性证得，引理 1 证毕。

针对加工两种类型工件有限等待混流生产机器人制造单元调度问题，Lei 等人[27]给出了结论：一个可行解 X 必须满足条件：两个连续工作站 P_i 之间有且仅有一个工作站 P_{i-1}。本书将此结论拓展到多工作站混流生产机器人制造单元调度问题，在拓展这个结论前，先给出一个与之有关的结论。

引理 2　解 X 是加工单类型工件机器人制造单元调度问题的可行解，当且仅当每对连续工作站 P_i 之间有且仅有一个工作站 P_{i-1}。

证明：充分性证明。解 X 是加工单类型工件机器人制造单元调度问题的可行解，那么，解 X 中，工作站 P_i 的个数与工作站 P_{i-1} 的个数一样多。依据引理 1[28]，每对连续工作站 P_{i-1} 之间有且仅有一个工作站 P_i，意思是工作站 P_i 与工作站 P_{i-1} 交叉出现。那么，每对连续工作站 P_i 之间有且仅有一个工作站 P_{i-1}。因此，引理 2 的充分性成立。

必要性证明。因为 X 是加工单类型工件机器人制造单元调度问题的一个解，那么依据多度调度定义[29]，解 X 中，工作站 P_i 的个数与工作站 P_{i-1} 的个数一样多。又因为每对连续工作站 P_i 之间有且仅有一个工作站 P_{i-1}，意思是工作站 P_i 与工作站 P_{i-1} 交叉出现。那么，每对连续工作站 P_{i-1} 之间有且仅有一个工作站 P_i。依据引理 1[28]，解 X 是可行解。因此，必要性证得，引理 2 证毕。

推论 1　解 X 是多工作站混流生产机器人制造单元调度问题的可行解，当且仅当每对连续工作站 P_i 之间有且仅有一个工作站 P_{i-1}，且工作站 P_{i-1} 与后一个工作站 P_i 加工相同工件。

证明：充分性证明。由引理 1 可以得到，解 X 中，工作站 P_i 的个数与工作站 P_{i-1} 的个数一样多，每对连续工作站 P_{i-1} 之间有且仅有一个工作站 P_i，意思是工作站 P_i 与工作站 P_{i-1} 交叉出现，而且工作站 P_i 与前一个工作站 P_{i-1} 加工相同工件。又因为调度是周期进行的，所以每对连续工作站 P_i 之间有且仅有一个工作站

P_{i-1}，且工作站 P_{i-1} 与后一个工作站 P_i 加工相同工件。因此，充分性证得。

必要性证明。因为 X 是多工作站混流生产机器人制造单元调度问题的一个解，那么依据多度调度定义[29]，解 X 中，工作站 P_i 的个数与工作站 P_{i-1} 的个数一样多。又因为每对连续工作站 P_i 之间有且仅有一个工作站 P_{i-1}，意思是工作站 P_i 与工作站 P_{i-1} 交叉出现。那么，每对连续工作站 P_{i-1} 之间有且仅有一个工作站 P_i。又因为是周期调度，且工作站 P_{i-1} 与后一个工作站 P_i 加工相同工件，故工作站 P_{i+1} 与前一个工作站 P_i 加工相同工件。依据引理1，必要性成立，推论1证毕。

Amraoui 等人[28]针对有限等待混流生产机器人制造单元调度问题给出了一个推论，如果调度可行，当且仅当 n 对移动 $r_{i,j}$ 与 $r_{i+1,j}$，最多有一对移动是移动 $r_{i+1,j}$ 先于移动 $r_{i,j}$。也就是说，给定工作站，最多有一个工件跨周期调度。由于本书研究的多工作站混流生产机器人制造单元调度问题是有限等待混流生产机器人制造单元调度问题的一般情形，因此该推论[28]也可拓展到多工作站混流生产机器人制造单元调度问题，故有引理3。

引理3 解 X 是多工作站混流生产机器人制造单元调度问题的可行解，当且仅当在 n 对 $t_{i,j}$ 与 $t_{i+1,j}(j \in \Theta, i \in \Omega^*)$ 最多有一对满足 $t_{i,j} > t_{i+1,j}$。

从以上分析发现，求解多工作站混流生产机器人制造单元调度问题是一个二维排序问题，不仅需要规划工件加工顺序，而且需要调度机器人运行顺序，所以机器人制造单元调度问题也被称为双排序问题（Double Sequencing Problem）[66]。为了降低问题复杂度，提高优化效率，定义 4.2 给出机器人活动概念，将双排序问题变为单排序问题。

定义 4.2 满足式（4-25）的 $\tau_{i+(m+1)(j-1)}$ 称为机器人活动：
$$\tau_{i+(m+1)(j-1)} = i + (m+1)(j-1) \qquad j \in \Theta, i \in \Omega^* \qquad (4-25)$$

从定义 4.2 可以发现，每个机器人活动 $\tau_{i+(m+1)(j-1)}(j \in \Theta, i \in \Omega^*)$ 中仅涉及两个变量：工件编号 j 与工作站编号 i，而机器人移动 $r_{i,j}(j \in \Theta, i \in \Omega^*)$ 也仅与这两个量有关，也就是说每对 i 和 j 唯一决定了机器人活动 $\tau_{i+(m+1)(j-1)}$ 和机器人移动 $r_{i,j}$，因此，机器人活动 $\tau_{i+(m+1)(j-1)}$ 与机器人移动 $r_{i,j}$ 一一对应。故机器人移动 $r_{i,j}$ 的开始时间 $t_{i,j}$ 也可以表示为 $t_{i+(m+1)(j-1)}$。表 4-2 给出了四工作站混流生产机器人制造单元调度问题的机器人活动。

表 4-2　机器人活动

工件	P_0	P_1	P_2	P_3	P_4
J_1	0	1	2	3	4
J_2	5	6	7	8	9
J_3	10	11	12	13	14

利用定义 4.2，将多工作站混流生产机器人制造单元调度问题需要规划的工件排序和安排的机器人运行顺序转化为规划机器人活动排序，将二维排序转化为一维排序，降低了问题难度，有利于解的生成。由于机器人活动 $\tau_{i+(m+1)(j-1)}$ 与机器人移动 $r_{i,j}$ 一一对应，因此机器人活动总数为 $n(m+1)$ 个。机器人移动 $r_{0,1}$ 总是每个制造周期中第一个被执行的机器人移动，依据定义 4.2，机器人活动 τ_0 也是每个周期中第一个被执行的机器人活动，故多工作站混流生产机器人制造单元调度问题理论解个数为 $(n(m+1)-1)!$ 个。多工作站混流生产机器人制造单元调度问题的解可表示为：$X = (\tau_0, \tau_{\mu(1)}, \tau_{\mu(2)}, \tau_{\mu(3)}, \cdots, \tau_{\mu(n(m+1)-1)})$。

注意：依据定义 4.2，$X = (t_{0,1}, t_{2,3}, t_{3,3}, t_{1,1}, t_{2,1}, t_{0,2}, t_{4,3}, t_{1,2}, t_{3,1}, t_{4,1}, t_{2,2}, t_{0,3}, t_{3,2}, t_{4,2}, t_{1,3})$、$X' = (\tau_0, \tau_{12}, \tau_{13}, \tau_1, \tau_2, \tau_5, \tau_{14}, \tau_6, \tau_3, \tau_4, \tau_7, \tau_{10}, \tau_8, \tau_9, \tau_{11})$ 与 $X'' = (0, 12, 13, 1, 2, 5, 14, 6, 3, 4, 7, 10, 8, 9, 11)$ 表示四工作站混流生产机器人制造单元调度问题的同一个解，在后文中不加区分使用，除非特别说明。

依据引理 1，由于在多工作站混流生产机器人制造单元调度问题的可行解中，每对连续工作站 P_i 之间有且仅有一个工作站 P_{i+1}。下文探讨，在什么条件下，在工作站 P_{i+1} 可以在每对连续工作站 P_i 之间随意和其他工作站交换，而仍然得到可行解。

从引理 1 可以发现，对于多工作站混流生产机器人制造单元调度问题可行解 X，两个连续工作站 P_i 之间有且仅有一个工作站 P_{i+1}，那么，如果相邻两个机器人活动对应工作站不相邻，且加工工件不一样，交换这两个机器人活动后，得到的解是否仍然可行？因此给出引理 4。为了叙述方便，令 $Q(i)$ 与 $job(i)$ 分别为机器人活动 τ_i 对应工作站编号和加工工件编号。

引理 4 $X = (\tau_0, \tau_{\mu(1)}, \cdots, \tau_{\mu(i-1)}, \tau_{\mu(i)}, \tau_{\mu(i+1)}, \tau_{\mu(i+2)}, \cdots, \tau_{\mu(n(m+1)-1)})$ 是多工作站混流生产机器人制造单元调度问题的可行解。若机器人活动 $\tau_{\mu(i)}$ 与机器人活动 $\tau_{\mu(i+1)}$ 对应工作站不相邻且加工工件不同，即 $job(\mu(i)) \neq job(\mu(i+1))$ 和 $|Q(\mu(i)) - Q(\mu(i+1))| > 1$ 成立，那么交换机器人活动 $\tau_{\mu(i)}$ 与 $\tau_{\mu(i+1)}$ 后，解 $X = (\tau_0, \tau_{\mu(1)}, \tau_{\mu(2)}, \cdots, \tau_{\mu(i-1)}, \tau_{\mu(i+1)}, \tau_{\mu(i)}, \tau_{\mu(i+2)}, \cdots, \tau_{\mu(n(m+1)-1)})$ 仍然是可行解。

证明：由于 X 是多工作站混流生产机器人制造单元调度问题的可行解，因此解 X 满足引理 1 的条件。也就是说，机器人活动 $\tau_{\mu(i)}$ 左边最靠近机器人活动 $\tau_{\mu(i+1)}$ 的机器人活动 $\tau_{\mu(w)}$ 使得 $Q(\mu(w)) + 1 = Q(\mu(i))$ 和 $job(\mu(i)) = job(\mu(w))$ 成立；同理，机器人活动 $\tau_{\mu(i)}$ 右边最靠近机器人活动 $\tau_{\mu(i)}$ 的机器人活动 $\tau_{\mu(u)}$ 使得 $Q(\mu(u)) + 1 = Q(\mu(i))$ 成立。由于机器人活动 $\tau_{\mu(i)}$ 与机器人活动 $\tau_{\mu(i+1)}$ 对应工作站不相邻，即 $Q(\mu(w)) \neq Q(\mu(i+1))$，那么机器人活动 $\tau_{\mu(i+1)}$ 同样位于机器人活动 $\tau_{\mu(u)}$ 与机器人活动 $\tau_{\mu(w)}$ 之间，当机器人活动 $\tau_{\mu(i)}$

与机器人活动 $\tau_{\mu(i+1)}$ 交换后，机器人活动 $\tau_{\mu(i)}$ 同样位于机器人活动 $\tau_{\mu(u)}$ 与机器人活动 $\tau_{\mu(w)}$ 之间，且有 $job(\mu(i)) = job(\mu(w))$。故，依据引理1，引理4成立，证毕。

依据引理4，可以得到推论2。

推论2 $X = (\tau_0, \tau_{\mu(1)}, \tau_{\mu(2)}, \cdots, \tau_{\mu(i-2)}, \tau_{\mu(i-1)}, \tau_{\mu(i)}, \tau_{\mu(i+1)}, \cdots, \tau_{\mu(n(m+1)-1)})$ 是多工作站混流生产机器人制造单元调度问题的可行解。若机器人活动 $\tau_{\mu(i)}$ 与机器人活动 $\tau_{\mu(i-1)}$ 对应工作站不相邻且加工工件不同，即 $job(\mu(i)) \neq job(\mu(i-1))$ 和 $|Q(\mu(i)) - Q(\mu(i-1))| > 1$ 成立，那么交换机器人活动 $\tau_{\mu(i)}$ 与机器人活动 $\tau_{\mu(i-1)}$ 后，解 $X = (\tau_0, \tau_{\mu(1)}, \tau_{\mu(2)}, \cdots, \tau_{\mu(i-2)}, \tau_{\mu(i)}, \tau_{\mu(i-1)}, \tau_{\mu(i+1)}, \cdots, \tau_{\mu(n(m+1)-1)})$ 仍然是可行解。

例如：四工作站混流生产机器人制造单元调度问题的可行解 $X = (\tau_0, \tau_{12}, \tau_{13}, \tau_1, \tau_2, \tau_5, \tau_{14}, \tau_6, \tau_3, \tau_4, \tau_7, \tau_{10}, \tau_8, \tau_9, \tau_{11})$。机器人活动 τ_2 与机器人活动 τ_5 分别对应工作站 P_2 和工作站 P_0，分别对应工件 J_1 和工件 J_2，满足引理4的条件，交换机器人活动 τ_2 与机器人活动 τ_5 后，得到 $X' = (\tau_0, \tau_{12}, \tau_{13}, \tau_1, \tau_5, \tau_2, \tau_{14}, \tau_6, \tau_3, \tau_4, \tau_7, \tau_{10}, \tau_8, \tau_9, \tau_{11})$ 依然是可行解。图4-2展示了该过程。

| X | 0 | 12 | 13 | 1 | 2 | 5 | 14 | 6 | 3 | 4 | 7 | 10 | 8 | 9 | 11 |
| X' | 0 | 12 | 13 | 1 | 5 | 2 | 14 | 6 | 3 | 4 | 7 | 10 | 8 | 9 | 11 |

图4-2 引理4实现过程

$X = (\tau_0, \tau_{12}, \tau_{13}, \tau_1, \tau_2, \tau_5, \tau_{14}, \tau_6, \tau_3, \tau_4, \tau_7, \tau_{10}, \tau_8, \tau_9, \tau_{11})$ 是四工作站混流生产机器人制造单元调度问题的可行解，机器人活动 τ_{14} 与机器人活动 τ_5 分别对应工作站 P_4 和工作站 P_0，分别对应工件 J_3 和工件 J_2，满足推论2的条件，交换机器人活动 τ_{14} 与机器人活动 τ_5 后，得到解 $X' = (\tau_0, \tau_{12}, \tau_{13}, \tau_1, \tau_2, \tau_{14}, \tau_5, \tau_6, \tau_3, \tau_4, \tau_7, \tau_{10}, \tau_8, \tau_9, \tau_{11})$ 依然是可行解。图4-3展示了该过程。

| X | 0 | 12 | 13 | 1 | 2 | 5 | 14 | 6 | 3 | 4 | 7 | 10 | 8 | 9 | 11 |
| X' | 0 | 12 | 13 | 1 | 2 | 14 | 5 | 6 | 3 | 4 | 7 | 10 | 8 | 9 | 11 |

图4-3 推论2实现过程

采用引理4与推论2的变换后，可以发现，新可行解与原可行解具有相同工件加工顺序，不同机器人运行顺序，说明一个工件加工顺序对应多个机器人运行顺序。下面探讨改变工件加工顺序后，如何保持解的可行性。

引理 5 $X = (\tau_0, \tau_{\mu(1)}, \tau_{\mu(2)}, \cdots, \tau_{\mu(i-2)}, \tau_{\mu(i-1)}, \tau_{\mu(i)}, \tau_{\mu(i+1)}, \cdots,$ $\tau_{\mu(n(m+1)-1)})$ 是多工作站混流生产机器人制造单元调度问题的可行解。如果 $(\tau_{\mu(e_0)}, \tau_{\mu(e_1)}, \cdots, \tau_{\mu(e_m)})$ 与 $(\tau_{\mu(g_0)}, \tau_{\mu(g_1)}, \cdots, \tau_{\mu(g_m)})$ 是两个不同工件的所有机器人活动，且 $Q(\mu(e_h)) = Q(\mu(g_h))(h \in \Omega^*)$，依次交换机器人活动 $\tau_{\mu(e_h)}$ 与机器人活动 $\tau_{\mu(g_h)}$ 后，得到的新解仍然是可行解。

证明： $X = (\tau_0, \tau_{\mu(1)}, \cdots, \tau_{\mu(i-2)}, \tau_{\mu(i-1)}, \tau_{\mu(i)}, \tau_{\mu(i+1)}, \cdots, \tau_{\mu(n(m+1)-1)})$ 是多工作站混流生产机器人制造单元调度问题的可行解，满足引理 1 的条件，且 $Q(\mu(e_h)) = Q(\mu(g_h))(h \in \Omega^*)$，所以依次交换机器人活动 $\tau_{\mu(e_h)}$ 与机器人活动 $\tau_{\mu(g_h)}$ 后，机器人运行顺序不变，同样满足引理 1 的条件，得到的新解是可行解，引理 5 证毕。

例如：四工作站混流生产机器人制造单元调度问题的可行解 $X = (\tau_0, \tau_{12}, \tau_{13}, \tau_1, \tau_2, \tau_5, \tau_{14}, \tau_6, \tau_3, \tau_4, \tau_7, \tau_{10}, \tau_8, \tau_9, \tau_{11})$。其中，$(\tau_5, \tau_6, \tau_7, \tau_8, \tau_9)$ 和 $(\tau_{10}, \tau_{11}, \tau_{12}, \tau_{13}, \tau_{14})$ 是工件 J_2 和工件 J_3 的所有机器人活动，并且机器人活动 τ_5 和机器人活动 τ_{10}、机器人活动 τ_6 和机器人活动 τ_{11}、机器人活动 τ_7 和机器人活动 τ_{12}、机器人活动 τ_8 和机器人活动 τ_{13}、机器人活动 τ_9 和机器人活动 τ_{14} 各自对应相同工作站，各自相互交换后，得到新解 $X' = (\tau_0, \tau_7, \tau_8, \tau_1, \tau_2, \tau_{10}, \tau_9, \tau_{11}, \tau_3, \tau_4, \tau_{12}, \tau_5, \tau_{13}, \tau_{14}, \tau_6)$ 仍然是可行解。图 4-4 展示了该过程。

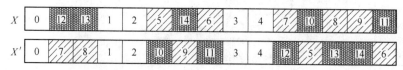

图 4-4　引理 5 实现过程

4.4　编码与解码

优化多工作站混流生产机器人制造单元调度问题的首要问题是可行解的编码，好的编码方式能提高优化效率。综合引理 4 和引理 5 可以发现，一个机器人运行顺序可以对应多个工件加工顺序，而一个工件加工顺序也可以对应多个机器人运行顺序，因此，单独采用工件加工顺序编码或单独采用机器人运行顺序编码都会导致另一个顺序的冗余，难以进行有效搜索。机器人活动顺序编码，不但将机器人运行顺序和工件加工顺序合二为一，将二维排序转化为一维排序，而且一个机器人活动顺序编码可以唯一对应一对机器人运行顺序和工件加工顺序，因此采用机器人活动顺序编码能同时优化机器人运行顺序和工件加工顺序。故本节采用机器人活动顺序对多工作站混流生产机器人制造单元调度问题的解进行编码。

为了从机器人活动顺序获得工件加工顺序和机器人运行顺序，其解码过程如下：

步骤 1：对解 $X = (\tau_0, \tau_{\mu(1)}, \cdots, \tau_{\mu(n(m+1)-1)})$ 中每个机器人活动 $\tau_{\mu(i)}(0 < i \leqslant sn(m+1)-1)$，令 $rv_{\mu(i)} \equiv t_{\mu(i)} \bmod (m+1)$，$rv_{\mu(i)}$ 表示机器人活动 $\tau_{\mu(i)}$ 从工作站 $P_{rv_{\mu(i)}}$ 出发，则 $R = (rv_0, rv_{\mu(1)}, \cdots, rv_{\mu(n(m+1)-1)})$ 表示机器人运行顺序。

步骤 2：在解 X 中依次寻找机器人运行顺序 R 中 $rv_{\mu(i)} = 0$ 对应机器人活动，且令 $\varepsilon_{i'} = \tau_{\mu(i)}(1 \leqslant i' \leqslant n)$，所有 $\varepsilon_{i'}$ 组成集合 $Job1$。

步骤 3：对集合 $Job1$ 中每个 $\varepsilon_{i'}(1 \leqslant i' \leqslant n)$，令 $job(i') = \varepsilon_{i'}/(m+1)+1$ 是第 i' 个输入的工件，因此，$Job2 = (J_{job(1)}, J_{job(2)}, J_{job(3)}, \cdots, J_{job(n)})$ 是工件加工顺序。

例如：$X = (\tau_0, \tau_{12}, \tau_{13}, \tau_1, \tau_2, \tau_5, \tau_{14}, \tau_6, \tau_3, \tau_4, \tau_7, \tau_{10}, \tau_8, \tau_9, \tau_{11})$ 是四工作站混流生产机器人制造单元调度问题的可行解。依据解码步骤 1，得到机器人运行顺序 $R = (0, 2, 3, 1, 2, 0, 4, 1, 3, 4, 2, 0, 3, 4, 1)$；依据解码步骤 2，得到 $Job1 = (\tau_0, \tau_5, \tau_{10})$；依据解码步骤 3，得到工件加工顺序 $Job2 = (J_1, J_2, J_3)$。

4.5 遗 传 算 法

本节引入遗传算法（Genetic Algorithm，GA）优化多工作站混流生产机器人制造单元调度问题。遗传算法由 John Holland 教授于 1975 年首先提出，在经典车间调度领域得到了广泛应用，展现了优异的寻优能力。针对无限等待机器人制造单元调度问题，Soukhal 等人[79]、Carlier 等人[80] 和 Kharbeche 等人[81] 用遗传算法优化了最小化最大完工时间目标。Zhang 等人[147] 利用遗传算法优化了作业车间机器人制造单元调度问题的最小化最大完工时间目标。Amraoui 等人[91] 设计了遗传算法求解有限等待混流生产机器人制造单元调度问题，作者将机器人运行顺序和工件加工顺序合二为一，用随机方式生成初始种群，但遗憾的是未能依据问题设计有效的遗传算子。上述研究结果，展现了遗传算法优化机器人制造单元调度问题的竞争力。

4.5.1 提出的遗传算法

遗传算法模拟达尔文生物进化论的自然选择和遗传学机理的生物进化过程的

计算模型，是一种通过模拟自然进化过程搜索最优解的方法。遗传算法将问题的解对应遗传中的染色体，然后经过交叉、变异和复制等进化操作，不断淘汰劣质个体，保留优秀个体，最后寻找到问题的近似最优解。图4-5展示了遗传算法流程。

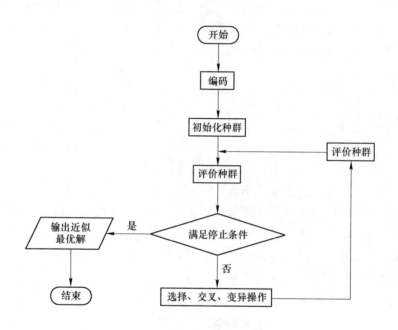

图 4-5　遗传算法流程

　　遗传算法只是一个算法框架，需要针对具体问题，设计特定遗传算子，包括编码、种群初始化、变异算子、交叉算子和复制算子等，从而提高算法的寻优能力。提出的遗传算法编码采用4.4节中提出的编码策略。

　　遗传算法是多解进化算法，初始化种群是很关键的一步。好的初始解有利于算法收敛到全局最优解，也有利于加速算法收敛。根据已出版文献，初始化种群主要分为两种方式，一种是随机生成初始种群，然后利用一些规则修复不可行解；一种是利用启发式规则直接初始化种群。两种方式各有优缺点，本小节阐述以上两种方式对遗传算法种群初始化过程。

　　随机生成初始种群，然后利用可行解性质修复不可行解，这种初始化种群方法称为随机修复（Random Repair，RR）方法。具体实现方式如下：

　　步骤1：生成多工作站混流生产机器人制造单元调度问题的一个解 X。

　　步骤2：如果解 X 是可行解，执行步骤4；否则，转步骤3。

　　步骤3：调用修复程序，修复不可行解。

步骤 4：重复执行步骤 1 至步骤 3，直到满足初始种群大小要求。

为了修复随机修复方法产生的不可行解，应用引理 2[28]构建修复程序。为了便于表述，假设由随机修复方法产生的不可行解为 $X = (\tau_0, \tau_{\mu(1)}, \tau_{\mu(2)}, \cdots, \tau_{\mu(n(m+1)-1)})$，令 $Y = (X, X) = (y_1, y_2, \cdots, y_{n(m+1)}, y_{n(m+1)+1}, y_{n(m+1)+2}, \cdots, y_{2n(m+1)})$ 且 $f = \arg\min\{j | y_i \equiv y_j \bmod(m+1), 1 \leqslant i \leqslant n(m+1), i < j \leqslant 2n(m+1)\}$。修复程序的详细步骤如下：

步骤 1：i 从 1 到 $n(m+1)$ 取值。

步骤 2：令 $y_i - y_j \equiv 0 \bmod(m+1)$ 且 $y_i \equiv q \bmod(m+1)$ $(i < j \leqslant 2n(m+1))$。

步骤 3：如果 $q \neq m$，执行步骤 4 到步骤 10；否则，执行步骤 11 至步骤 17。

步骤 4：从左至右找到 Y 中第一个 y_l，且满足 $y_l = y_i + 1$。

步骤 5：如果 $i < l < j$，那么 $i = i + 1$，转步骤 2；否则，执行步骤 6 至步骤 10。

步骤 6：如果 $j \leqslant n(m+1)$，令 $z = j$；否则，$z = n(m+1)$。

步骤 7：如果 $z - i > 1$，随机生成 i 到 z 整数 e。

步骤 8：如果 $l < e$，那么 g 从 l 到 $e - 1$ 取值，且 $y_g = y_{g+1}$ 和 $y_{g+n(m+1)} = y_{g+1+n(m+1)}$，$y_e = y_n$，$y_{e+n(m+1)} = y_n$。令 $i = i - 1$，转步骤 2。

步骤 9：如果 $l > e$，那么 g 从 $e + 1$ 到 l 取值，且 $y_{l+e+1-g} = y_{l+e-g}$ 和 $y_{l+e+1-g+n(m+1)} = y_{l+e-g+n(m+1)}$，$y_e = y_l$，$y_{e+n(m+1)} = y_l$。令 $i = i + 1$，转步骤 2。

步骤 10：如果 $z - i = 1$，若 $l < i$，执行步骤 8；若 $l > z$，执行步骤 9。

步骤 11：从左至右找到 Y 中第一个 y_l，且满足 $y_l = y_i - 1$。

步骤 12：如果 $i < l < j$，则 $i = i + 1$，转步骤 2；否则，执行步骤 13 至步骤 17。

步骤 13：如果 $j \leqslant n(m+1)$，令 $z = j$；否则，$z = n(m+1)$。

步骤 14：如果 $z - i > 1$，随机生成 i 到 z 整数 e。

步骤 15：如果 $l < e$，那么 g 从 l 到 $e - 1$ 取值，且 $y_g = y_{g+1}$ 和 $y_{g+n(m+1)} = y_{g+1+n(m+1)}$，$y_e = y_l$，$y_{e+n(m+1)} = y_l$。$i = i - 1$，转步骤 2。

步骤 16：如果 $l > e$，那么 g 从 $e + 1$ 到 l 取值，且 $y_{l+e+1-g} = y_{l+e-g}$ 和 $y_{l+e+1-g+n(m+1)} = y_{l+e-g+n(m+1)}$，$y_e = y_l$，$y_{e+n(m+1)} = y_l$。$i = i + 1$，转步骤 2。

步骤 17：如果 $z - i = 1$，若 $l < i$，执行步骤 15；若 $l > z$，执行步骤 16。

步骤 18：再次执行步骤 1 至步骤 17。

在随机修复方法中，随机生成解 X 的时间复杂度为 $O(n(m+1)-1)$。修复程序中，由步骤 1 到步骤 17 和步骤 3 可知，若选中机器人活动对应工作站不是 P_m，最坏时间复杂度为 $O(nm)$；若选中机器人活动对应工作站是 P_m，最坏时间复杂度为 $O(n)$。因此，随机修复方法最坏时间复杂度为 $O(n^2(m+1)^2)$。

直接利用启发式规则生成初始种群，这样生成的每个初始解都是可行解，这种初始化种群方法称为启发式规则（Heuristic Rule，HR）方法。启发式规则方法采用引理 1 实现，具体思路是：首先，排定工件加工顺序，即确定 $(m+1) \cdot (j-1)(j=1, 2, \cdots, n)$ 的位置；然后，依据引理 1，依次插入每个工件第二个、第三个、第四个等机器人活动；最后，当所有工件的机器人活动都被插入后，得到可行解。具体实现步骤如下：

步骤 1：令 $X = (-1, -1, \cdots, -1)$，共有 $n(m+1)$ 个 -1。$x(h)(1 \leqslant h \leqslant n(m+1))$ 表示 X 中第 h 个位置的值。

步骤 2：令 $x(1) = 0$。

步骤 3：j 从 2 到 n 取值。

步骤 4：在 2 到 $n(m+1)$ 之间随机生成整数 e。

步骤 5：如果 $x(e) = -1$，那么 $x(e) = (j-1)(m+1)$，且 $j = j+1$，转步骤 4；否则，执行步骤 6 到步骤 15。

步骤 6：k 从 2 到 $n(m+1)$ 取值。

步骤 7：如果 $x(k) \neq -1$，执行步骤 8；否则，转步骤 15。

步骤 8：令 f 取值从 $k+1$ 到 $n(m+1)$。

步骤 9：如果 $x(k) \equiv x(f) \bmod (m+1)$，执行步骤 10；否则，执行步骤 14。

步骤 10：如 $f - k \geqslant 2$，执行步骤 11；否则，转步骤 12。

步骤 11：随机生成 $k+1$ 到 $f-1$ 整数 e。若 $x(e) = -1$，则 $x(e) = x(k) + 1$，$k = f$；若在 $k+1$ 到 $f-1$ 之间不存在 e，使得 $x(e) = -1$，则转步骤 12。

步骤 12：如果 2 到 k 之间存在整数 p，且 $x(p) = -1$，那么让 q 在 p 到 $k-1$ 之间取值，使得 $x(q) = x(q+1)$，且 $x(k) = x(k-1) + 1$，$k = f$，转步骤 8；否则，执行步骤 13。

步骤 13：如果 $f+1$ 到 $n(m+1)$ 之间存在整数 p，且 $x(p) = -1$，那么让 q 在 $f+1$ 到 p 之间取值，使得 $x(n(m+1)+f-q) = x(n(m+1)+f-1-q)$，$x(f) = x(k) + 1$，$k = f$，转步骤 8。

步骤 14：如果 $k+1$ 到 $n(m+1)$ 之间存在整数 p，且 $x(p) = -1$，则令 $x(p) = x(k) + 1$。

步骤 15：令 $k = k+1$，如果 $k > n(m+1)$，执行步骤 16；否则，转步骤 7。

步骤 16：输出解 X。

由步骤 3 到步骤 15 可得时间复杂度为 $O(n)$，由步骤 6 到步骤 15 可得时间复杂度为 $O(n^2(m+1))$，由步骤 8 到步骤 15 可知最坏时间复杂度为 $O(n^2(m+1))$，因此启发式规则的最坏时间复杂度为 $O(n^5(m+1)^2)$。图 4-6 展示了利用启发式规则方法产生解 X 的过程。

引理 6 启发式规则 HR 方法产生的解 X 是可行解。

证明： 在生成解 X 的过程中，引理 1 的必要性被应用，因此解 X 是可行解。

0	-1	-1	-1	5	-1	-1	10	-1	-1	-1	-1	-1	-1	-1

(a)

0	-1	1	-1	5	6	-1	10	-1	-1	-1	11	-1	-1	-1

(b)

0	-1	1	-1	5	2	6	10	-1	7	-1	11	-1	12	-1

(c)

0	13	1	-1	5	2	6	10	3	7	-1	11	8	12	-1

(d)

0	13	1	14	5	2	6	10	3	7	4	11	8	12	9

(e)

图 4-6　HR 方法生成解 X 的过程

遗传算法被广泛应用于各类车间调度问题[81,91,147]，具有优异的表现。为了比较随机修复方法和启发式规则方法的优劣，本节基于随机修复方法和启发式规则方法生成遗传算法的初始种群，分别构建了基于随机修复的遗传算法（RRGA）和基于启发式规则的遗传算法（HRGA），以便比较两种生成初始种群方法的优劣。接下来详细阐述基于随机修复的遗传算法和基于启发式规则的遗传算法实现过程。

适应度函数是评价个体优劣的指标，直接关系遗传算法的选择操作。本书的适应度函数就是目标函数，适应值等于目标函数值，适应值越小，表明个体越优秀。目标函数值的计算采用 Amraoui 等人[91]提出的方法。

选择算子的目的是将具有较好适应值的个体以较大概率保留到下一代，改善种群的平均适应值，加速算法收敛，提高计算效率。选择操作的方式比较多，常见的主要有四种：比例选择、基于排名的选择、锦标赛选择和精英保留策略选择。每种选择操作都有各自的特点，比例选择由于异常个体易于控制选择过程，导致早熟；基于排名的选择虽然排除了异常个体控制选择过程，但是收敛速度较慢；锦标赛选择与竞赛规模具有较强相关性，参数变多，不利于近似最优解的搜索；精英保留策略能保持较快的收敛速度，也能跳出异常个体控制，而且参数不增加，有利于搜索到近似最优解。故利用精英保留策略进行选择操作。选择算子的实现步骤如下：

步骤 1：依据适应值大小，将当前种群和上一代种群中的个体从左至右，从小到大进行排序。

步骤 2：选择满足种群容量大小的适应值最好的个体。

步骤 3：更新种群。

交叉的目的是为了组合出新的个体，在解空间进行有效搜索。同时执行交叉算子后，子代个体还能部分或者全部继承父代个体的结构特征和有效基因，加速算法收敛。

组合优化中置换编码通常采用的交叉算子有部分映射交叉、次序交叉、循环交叉、基于位置的交叉和群交叉等，每种交叉都有独特之处。本书研究混流生产机器人制造单元周期调度问题，涉及跨周期加工工件，如果随机交换个体中两个位置，一般会生成不可行解。当修复该不可行解后，可能会导致修复后的解与执行交叉操作前的解是一样的，不利于近似最优解的搜索。为了尽可能避免该情形发生，本书采用线性次序交叉[160]设计交叉算子。线性次序交叉能保持交叉位置之间基因片段的绝对位置不变，其他位置基因相对位置不变，使得父代信息与特征尽可能保留到子代。详细步骤如下：

步骤 1：以交叉概率 p_c 随机从种群中选择两个个体。

步骤 2：两个不同交叉位置被随机选择。

步骤 3：在父代中交换交叉位置之间的片段。

步骤 4：分别检查两个父代，保持交叉位置之间的片段不变，消除相同基因；然后，从左至右依次填入缺失的基因。

步骤 5：检查两个新个体，如果是不可行解，利用修复程序进行修复。

步骤 6：输出两个子代个体。

图 4-7 给出了线性次序交叉算子实现过程。

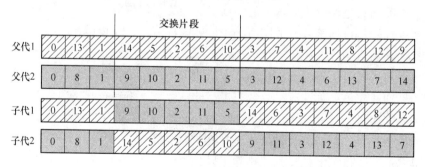

图 4-7　线性次序交叉算子实现过程

变异的主要目的是保持种群多样性，为选择和交叉过程中可能丢失的某些基因进行修复和补充。组合优化中常用的变异操作有：互换操作、逆序操作和插入操作。本书采用引理 4 或推论 2 设计变异算子，称为相邻交换（Neighbouring Exchange，NE），具体实现步骤如下：

步骤 1：以变异概率 p_m 随机选择一个体。

步骤 2：从选择的个体中，随机选择一个位置 α。

步骤 3：位置 α 的相邻位置叫做 β，如果位置 α 与位置 β 对应的机器人活动满足引理 4 或推论 2，执行步骤 4；否则，转步骤 2。

步骤 4：输出新个体。

4.5.2 算例仿真

基于随机修复的遗传算法和基于启发式规则的遗传算法利用 C++ 计算机语言实现，且在硬件配置为 Intel（R）Pentium（R）CPU G2020 @ 2.90 GHZ 和 RAM 4 GB 台式计算机上运行。

由于多工作站混流生产机器人制造单元调度问题还没有标准算例，算例生成方式采用 Kamoun 等人[71] 文献中的算例生成方式。工作站 m 的取值范围为 4~20 之间的偶数，最小工件集中工件数 n 为 6~15 的整数，机器人有载运行时间 $\theta_{i,l} = 6 (k \in \Omega^*, j \in \Theta)$；机器人空载运行时间 $\delta_{i,l} = 4| i - l |$ $(i, l \in \Omega')$；每个工件在具体工作站上的加工时间下界 $a_{k,j}$ 为整数，且 $a_{k,j} (k \in \Omega, j \in \Theta)$ 服从于 20~99 之间的均匀分布，共生成 90 个算例，每个算例运行 10 次。由于遗传算法参数对遗传算法效果影响很大，经过多次试验后，各参数取值：种群大小为 30；终止条件为测试 100000 个解或最大计算时间超过 3600s。在基于随机修复的遗传算法中，交叉概率 $p_c = 0.9$；变异概率 $p_m = 0.1$；在基于启发式规则的遗传算法中，交叉概率和变异概率分别为 $p_c = 0.8$ 和 $p_m = 0.01$。

基于随机修复的遗传算法和基于启发式规则的遗传算法所记录的时间是 CPU 时间，单位为 s。为了避免随机因素对计算时间的影响，本书记录的时间是每个算例运行 10 次后统计的平均计算时间。从表 4-3 和表 4-4 可以发现，基于随机修复的遗传算法的计算时间远小于基于启发式规则的遗传算法的计算时间。就每个算法分析，当工件数不变时，随着工作站数增加，计算时间变长；当工作站数不变时，随着工件数增加，计算时间也变长。分析基于启发式规则的遗传算法发现，在 90 个算例中，有 6 个算例的计算时间达到 3600s，其他算例计算时间都不到 3600s；就测试的 90 个算例分析，基于随机修复的遗传算法计算时间都不超过 3600s。充分说明，基于随机修复的遗传算法更有效，表明随机修复方法生成初始解更有效。

仿真实验中，分别用基于随机修复的遗传算法与基于启发式规则的遗传算法计算了 90 个算例，每个算例独立运行 10 次，记录其平均值。表 4-5 统计了两种算法求得的目标函数值比较。评价指标由（HRGA-RRGA）/HRGA × 100% 计算。从表 4-5 可以发现，基于随机修复的遗传算法相对于基于启发式规则的遗传算法的改进率在−4.80% ~ 25.64%之间；仅有 4 个算例的计算结果是基于启发式规则的遗传算法优于基于随机修复的遗传算法；有 74 个算例的改进率超过 5%，占比 82.22%，也就是说，有超过八成的算例得到了极大改进。当工件数不变时，随着工作站数增大，改进程度具有越来越大的趋势。从目标函数值比较发现，随机修复方法生成的初始解好于启发式规则算法生成的初始解。

表 4-3 HRGA 和 RRGA 的计算时间比较

工件数 /个	工作站数/个									
	4		6		8		10		12	
	HRGA	RRGA	HRGA	RRGA	HRGA	RRGA	HRGA	RRGA	HRGA	RRGA
6	22.00	9.80	51.95	19.77	98.02	33.48	161.24	59.62	251.69	126.28
7	30.87	25.46	71.18	50.28	131.37	83.45	223.47	128.17	327.83	176.23
8	39.16	33.51	84.78	67.14	171.74	114.01	293.61	175.10	450.05	250.33
9	49.50	43.56	118.25	87.56	217.92	154.57	351.50	229.66	563.92	333.08
10	66.24	54.46	149.70	109.97	282.30	187.76	473.10	278.93	726.46	417.57
11	79.76	69.23	180.34	138.20	339.57	234.53	568.59	353.34	883.03	501.42
12	96.88	85.63	218.20	168.36	412.73	276.98	688.29	442.65	1059.42	647.18
13	114.13	99.83	257.12	194.90	488.57	340.18	816.08	507.36	1256.81	720.38
14	133.50	119.05	305.32	235.65	577.95	396.48	962.67	609.45	1485.57	826.11
15	159.49	141.42	356.69	278.25	670.42	469.48	1120.64	710.27	1731.57	1011.78

表 4-4 HRGA 和 RRGA 的计算时间比较

工件数 /个	工作站数/个							
	14		16		18		20	
	HRGA	RRGA	HRGA	RRGA	HRGA	RRGA	HRGA	RRGA
6	365.65	184.55	513.73	232.19	691.32	289.40	911.92	384.92
7	504.98	244.95	710.62	321.91	966.70	413.37	1259.64	538.45
8	662.55	344.46	931.07	445.18	1263.78	548.87	1637.41	693.05
9	835.12	447.36	1160.13	584.61	1618.58	717.84	2144.22	962.53
10	1066.04	582.57	1491.35	740.22	2006.34	918.58	2635.36	1089.80
11	855.98	709.65	1072.50	911.73	1582.33	1122.84	2119.44	1468.49
12	1540.62	820.42	2163.73	1091.29	2939.04	1369.68	3600.00	1678.26
13	1840.05	1002.01	2560.31	1289.05	3485.69	1708.34	3600.00	1948.93
14	2160.87	1159.90	3037.92	1498.09	3600.00	1908.37	3600.00	2310.51
15	2525.34	1403.46	3540.77	1869.66	3600.00	2240.22	3600.00	2774.93

表 4-5　HRGA 和 RRGA 求解的目标函数值比较　　　　（%）

工件数/个	工作站数/个								
	4	6	8	10	12	14	16	18	20
6	5.12	−3.58	3.74	3.51	7.91	9.97	16.53	5.07	21.44
7	17.47	7.91	1.10	1.06	1.08	−1.31	−4.80	16.78	25.64
8	9.90	11.75	2.89	12.82	8.19	16.00	0.88	5.00	12.70
9	4.52	6.27	19.45	7.67	9.85	5.63	10.82	17.39	23.78
10	11.30	6.59	8.46	6.16	18.31	9.20	13.00	4.88	9.06
11	9.72	15.08	12.64	4.94	10.78	15.85	8.02	3.24	19.45
12	20.55	7.46	−3.51	9.17	20.71	10.35	9.07	16.48	21.01
13	25.52	9.68	18.93	9.61	9.66	6.64	8.66	21.07	15.60
14	13.15	14.04	14.68	13.75	5.41	9.46	2.45	21.02	19.58
15	20.32	23.80	16.37	9.88	7.25	9.18	11.16	12.55	18.66

通过计算时间比较和目标函数值比较发现，随机修复方法生成的初始解好于启发式规则算法生成的初始解，与经典车间调度中的计算结果不一致。在经典车间调度领域一般是启发式规则的解好于随机生成的解。本书出现这种现象的原因主要有两个方面，一方面随机修复方法和启发式规则方法的时间复杂度不同。随机修复方法最坏时间复杂度为 $O(n^2(m+1)^2)$，启发式规则方法最坏时间复杂度为 $O(n^5(m+1)^2)$，导致了基于随机修复的遗传算法计算时间小于基于启发式规则的遗传算法计算时间；另一方面随机修复方法和启发式规则方法生成的解在解空间分布不同。由于随机修复方法是随机生成初始解，然后修复不可行解，使得可行解在解空间的分布更为均匀。启发式规则方法是用启发式方法生成初始解，使得可行解在解空间分布更为集中。另外，本书研究周期调度，在启发式规则方法生成初始解的过程中，按照每种工件机器人运行先后顺序依次插入，得到解虽然可行，但机器人运行的跨周期调度处理不足，导致启发式规则方法效果不好。

4.6　双层过滤变宽度束搜索算法

4.5 节构建的遗传算法实质是比较了两种生成初始解的方法，存在以下不足，（1）没有给出一个相同的比较对象；（2）没有设计一个好的构建可行解的方法。为了弥补不足，本节设计了双层过滤变宽度束搜索（Double Layers Filtered Variable Width Beam Search，DLFVWBS）算法。

束搜索算法是一种组合优化算法，由分支定界算法演化而来。束搜索算法并不搜索整个解空间，而是对解空间进行分支、优选和淘汰，选择最有前途的分支，然后继续进行分支、优选和淘汰，类似于分支定界算法的宽度优先，提高了算法效率。束搜索算法最先应用于人工智能领域的声音识别问题[161]，也用于求解某些组合优化问题[162,163]和车间调度问题[164~168]。

束搜索算法基于一个有向图结构，在分支过程中只对每层内最有潜力的 $\alpha(\alpha < n)$ 个节点进一步分支，α 称为束宽，选取的 α 个节点称为束节点。由于限定了分支节点个数，且对节点进行优选，所以束搜索算法可以在合理的时间内求得近似最优解。在选取节点时，通常需要一个评价机制对节点进行评价。双层过滤变宽度束搜索算法首先利用局部评价函数评价 α 个节点当前状态优劣，筛选其中最有前途的 β 个节点；其次利用全局评价函数评价 β 个节点全局状态优劣，筛选其中最有前途的节点，这是双层过滤。通过双层过滤，双层过滤变宽度束搜索算法不但考虑了插入节点的局部状况，而且兼顾了插入节点的全局状况，避免了只关注局部情形，使得问题陷入局部最优解。由于每层可能插入节点数是不同的，故束节点 α 是变动的。$\beta = \min(n, \alpha)$，当 $\alpha \geq n$ 时，β 是固定的；当 $\alpha < n$ 时，β 随着 α 变化而变化，因此称为变宽度。通过变宽度设计，依据可插入节点的多少，选择束宽大小，对最有前途的节点进行搜索，提高算法的时间效率。图 4-8 是双层过滤变宽度束搜索算法示意图。

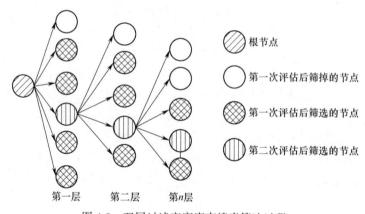

图 4-8　双层过滤变宽度束搜索算法过程

双层过滤变宽度束搜索算法有两个关键点，可行解的构建和下一个节点选取标准。下面先介绍可行解的构建；然后，讨论下一个节点选取标准。

4.6.1　可行解构建

从图 4-8 可以发现，双层过滤变宽度束搜索算法实现是逐步构建可行解完成，因此，构建可行解是双层过滤变宽度束搜索算法的关键之一，定义 4.1 虽然能够判断给定解是否是可行解，但是不能构建可行解。Brucker 等人[169]给出了构建作业车间机器人制造单元调度问题可行解的方法，但不适合本书研究的问题。例如：采用 Brucker 等人[169]提出的方法，生成解 $X_1 = (\tau_0, \tau_{12}, \tau_{13}, \tau_1, \tau_2, \tau_5, \tau_{14}, \tau_6, \tau_3, \tau_4, \tau_7, \tau_{10}, \tau_9, \tau_8, \tau_{11})$。在解 X_1 中，机器人活动 τ_9 违反定义 4.1 的条件（3），因此解 X_1 是不可行解。由于流水车间调度问题是作业车间调度问题的特例，本书以 Brucker 等人[169]提出的构建可行解方法为基础，设计了可行机器人活动插入法（Feasible Robotic Activity Insertion Method, FRAIM）构建可行解。可行机器人活动插入法的条件（1）、条件（2）详见 Brucker 等人[169]的文献。令 $O(g)$、$job(g)$ 分别表示机器人活动 τ_g 对应工作站编号和工件编号，满足可行机器人活动插入法条件之一的已排序机器人活动集合 $Rdone$ 是不可行机器人调度。下面分析机器人活动插入法的其他条件。

条件（3）：将机器人活动 τ_f 插入已排序机器人活动集合 $Rdone$ 末端，对已排序机器人活动集合 $Rdone$ 中任意机器人活动 τ_h，若机器人活动 τ_h 与机器人活动 τ_f 对应的工作站编号为 m，即 $Q(f) = Q(h) = m$，且机器人活动 $\tau_f - 1$ 在未排序机器人活动集合 $Rtodo$ 中。

条件（4）：将机器人活动 τ_f 插入已排序机器人活动集合 $Rdone$ 末端，对已排序机器人活动集合 $Rdone$ 中任意机器人活动 τ_h，若机器人活动 τ_h 与机器人活动 τ_f 对应的工作站编号不等，即 $Q(f) \neq Q(h)$，且机器人活动 τ_f 对应的工作站编号为 m，即 $Q(f) = m$，机器人活动 τ_h 与机器人活动 τ_f 对应的工件编号一样，即 $job(f) = job(h)$，且机器人活动 $\tau_f - 1$ 在未排序机器人活动集合 $Rtodo$ 中。

条件（5）：将机器人活动 τ_f 插入已排序机器人活动集合 $Rdone$ 末端，对已排序机器人活动集合 $Rdone$ 中任意机器人活动 τ_h，若机器人活动 τ_h 与机器人活动 τ_f 对应的工作站编号不等，即 $Q(f) \neq Q(h)$，且机器人活动 τ_h 对应的工作站编号为 m，即 $Q(h) = m$，机器人活动 τ_h 与机器人活动 τ_f 对应的工件编号一样，即 $job(f) = job(h)$，或者机器人活动 τ_h 与机器人活动 τ_f 之差小于 m。

条件（6）：若工件 $J_{\eta(1)}, J_{\eta(2)}, \cdots, J_{\eta(l)} (l < n)$ 是已排序机器人活动集合 $Rdone$ 中上一个加工周期未完成加工的工件，但工件 $J_{\eta(1)}, J_{\eta(2)}, \cdots, J_{\eta(l)}$ 在当前周期的输入顺序和完成顺序不一致。

条件（3）、条件（4）和条件（5）关注工作站是否冲突，条件（6）关注跨周期加工工件的加工顺序是否一致。条件（3）保证两个连续工作站 P_m 之间，一定存在一个工作站 P_{m-1}；条件（4）和条件（5）确保混流生产性质不被违反。

4.6.2 双层过滤变宽度束搜索算法步骤

本书采用 Brucker 等人[169]提出的计算部分可行调度已排序机器人活动集合

的下界 $LRdone$、已排序机器人活动集合与未排序机器人活动集合下界之和 LB 分别为局部评价函数和全局评价函数,作为选取最有前途节点的评价标准。双层过滤变宽度束搜索算法实现步骤如下:

步骤 1:令已排序机器人活动集合为 $Rdone = \{\tau_0\}$,$Rtodo$ 为余下所有机器人活动集合,假设工作站 $P_i(2 \leq i \leq m)$ 为空。

步骤 2:依据可行机器人活动插入法,从未排序机器人活动集合找到第一层所有可能插入的机器人活动,记为 $Insertion1 = \{\tau_{\varphi(1)}, \tau_{\varphi(2)}, \cdots, \tau_{\varphi(n(m-1)+1)}\}$,$\varphi$ 表示可能插入机器人活动顺序的置换。

步骤 3:令 $Insertion1$ 任意机器人活动 $\tau_{\varphi(q)}$,q 从 1 取到 $n(m-1)+1$,$number = 1$。

步骤 4:将机器人活动 $\tau_{\varphi(q)}$ 从未排序机器人活动集合中删除,并添加到已排序机器人活动集合。

步骤 5:依据可行机器人活动插入法,从未排序机器人活动集合中找到第 $number$ 层所有可能插入的机器人活动,其个数为 α。

步骤 6:利用局部评价函数 $LRdone$ 对 α 个可能机器人活动形成的已排序机器人活动集合进行评价,选择最有潜力的 β 个机器人活动进行进一步探讨。

步骤 7:利用全局评价函数 LB 对 β 个机器人活动形成的已排序机器人活动集合和对应未排序机器人活动集合进行评价,选择最有潜力的机器人活动 τ_μ 进行进一步探讨。

步骤 8:将机器人活动 τ_μ 从未排序机器人活动集合中删除,并添加到已排序机器人活动集合;令 $number = number + 1$。

步骤 9:若未排序机器人活动集合非空,执行步骤 5 到步骤 9;否则,转步骤 10。

步骤 10:令 $number = 1$,将已排序机器人活动集合中除去机器人活动 τ_0 外,其余机器人活动全部添加到未排序机器人活动集合。

步骤 11:输出近似最优解。

从双层过滤变宽度束搜索算法步骤可以发现,执行步骤 5 至步骤 9 的次数为 $n(m-1)-2$;执行步骤 3 的次数为 $n(m-1)+1$,所以算法时间复杂度为 $O(n^2(m^2-1)-n(m-3))$。

4.6.3 算例仿真

为了验证双层过滤变宽度束搜索算法的有效性,利用构建可行解方法构建了分支定界(Branch and Bound,BB)算法;将分支定界算法运行 100s 后得到的最好解作为变邻域搜索的初始解进行变邻域搜索,变邻域搜索 500s 后终止算法,称为分支定界-变邻域搜索算法，记为 BBVNS 算法。将双层过滤变宽度束搜索算法中的 α 取值为该算例工件个数的两倍，称为双层过滤定宽度束搜索（Double Layers Filtered Fixed Width Beam Search，DLFFWBS）算法；利用局部评价函数（全局评价函数），束宽 α 取值与双层过滤变宽度束搜索算法相同，称为局部束搜索算法（全局束搜索算法），简记为 LBS（GBS）。六种算法，用 C++ 语言编程，在 CPU 为 Intel(R) Core(TM) i5-4460 CPU@ 3.20GHz，内存为 8G 的环境下运行，每个算例独立运行 15 次，终止条件为 CPU 时间超过 600s。

借鉴 Kamoun 等人[71]文献算例生成方式。最小工件集中工件数 n 取值为 8、10、12、14；工作站个数 m 为 $10 \sim 20$ 之间的偶数；工件加工时间下界 $a_{k,j}(k \in \Omega, j \in \Theta)$ 为整数，且服从 $20 \sim 99$ 之间的均匀分布；有载运行时间 $\theta_{k,j} = 6(j \in \Theta, k \in \Omega^*)$；空载运行时间 $\delta_{i,l} = 4|i - l|(i, l \in \Omega')$。

表 4-6 ~ 表 4-9 展示了双层过滤定宽度束搜索算法、局部束搜索算法和全局束搜索算法与双层过滤变宽度束搜索算法的比较结果。表中 IRF、IRL、IRG 分别表示双层过滤变宽度束搜索算法相对于双层过滤定宽度束搜索算法、局部束搜索算法和全局束搜索算法的改进程度。计算公式如下：

$$IRF = \left[(T_{\mathrm{DLFFWBS}} - T_{\mathrm{DLFVWBS}}) / T_{\mathrm{DLFFWBS}} \right] \times 100\% \qquad (4-26)$$

$$IRL = \left[(T_{\mathrm{LBS}} - T_{\mathrm{DLFVWBS}}) / T_{\mathrm{LBS}} \right] \times 100\% \qquad (4-27)$$

$$IRG = \left[(T_{\mathrm{GBS}} - T_{\mathrm{DLFVWBS}}) / T_{\mathrm{GBS}} \right] \times 100\% \qquad (4-28)$$

表 4-6　工件数为 8 个时多种束搜索算法计算结果比较

工作站数/个	制造周期			改进率/%		
	DLFFWBS	LBS	GBS	*IRF*	*IRL*	*IRG*
10	1729	1541	1613	12. 20	1. 52	6. 26
12	2083	2071	2083	14. 50	16. 28	16. 96
14	2286	2315	2286	0. 00	1. 27	0. 00
16	2573	2624	2573	0. 00	1. 98	0. 00
18	3309	3160	3309	11. 33	7. 70	12. 78
20	3692	3656	3692	13. 60	14. 61	15. 74

表 4-7　工件数为 10 个时多种束搜索算法计算结果比较

工作站数/个	制造周期			改进率/%		
	DLFFWBS	LBS	GBS	*IRF*	*IRL*	*IRG*
10	2436	2045	1939	25. 29	12. 36	6. 54
12	2639	2274	2639	18. 08	5. 18	22. 06

工作站数/个	制造周期			改进率/%		
	DLFFWBS	LBS	GBS	*IRF*	*IRL*	*IRG*
14	2885	2750	2885	8.84	4.56	9.70
16	3415	3254	3415	9.46	5.24	10.45
18	3585	3535	3585	0.00	−1.39	0.00
20	4483	4509	4483	13.05	15.67	15.01

表 4-8　工件数为 12 个时多种束搜索算法计算结果比较

工作站数/个	制造周期			改进率/%		
	DLFFWBS	LBS	GBS	*IRF*	*IRL*	*IRG*
10	2699	2522	2567	17.45	13.20	15.22
12	3096	2723	3096	15.60	4.21	18.48
14	3585	3436	3433	12.72	9.81	9.72
16	4213	3698	4141	15.33	3.67	16.09
18	4384	4260	4387	7.80	5.39	8.54
20	4608	4528	4631	6.36	4.94	7.32

表 4-9　工件数为 14 时多种束搜索算法计算结果比较

工作站数/个	制造周期			改进率/%		
	DLFFWBS	LBS	GBS	*IRF*	*IRL*	*IRG*
10	3325	2698	3160	22.41	4.57	22.48
12	3911	3636	3911	21.76	18.82	27.81
14	4446	3804	4428	20.42	7.52	25.16
16	4470	4561	4478	10.81	14.40	12.32
18	5041	5040	5048	10.08	11.18	11.36
20	5765	5575	5751	16.72	16.12	19.79

在表 4-6~表 4-9 中，总体分析可以发现，随着工件数增多，改进程度变大，表明双层过滤变宽度束搜索算法相对于其他几种束搜索算法更适合较大规模算例的求解，其中最大改进率为 27.81%。

相对双层过滤定宽度束搜索算法，虽然有三个算例没有改进，但是在改进的算例中，最小改进率为 6.36%，最大改进率为 25.29%，平均改进率为 14.47%。

因此，证实了双层过滤变宽度束搜索算法具有较强的搜索能力，主要是因为在双层过滤变宽度束搜索算法中，束宽依据可插入节点的多少不断调整，选择最有前途节点进行分支，具有较大搜索范围，提高了搜索质量。而双层过滤定宽度束搜索算法是定束宽，更有前途节点被遗漏，因而陷入局部最优解。

相对局部束搜索算法，仅有一个算例局部束搜索算法计算结果优于双层过滤变宽度束搜索算法。余下算例中，改进率的最大值为 18.82%，最小值为 1.27%，平均值为 8.71%。因此，表明双层过滤变宽度束搜索算法优于局部束搜索算法，证实仅有局部评价，没有全局评价的束搜索算法陷入局部最优。

双层过滤变宽度束搜索算法与全局束搜索算法比较，仅有三个算例没有得到改进。最大改进率是 27.81%，最小改进率是 6.26%，平均改进率是 14.75%，证实了双层过滤变宽度束搜索算法表现更好，表明仅有全局评价函数，没有局部评价函数的束搜索算法不能搜索到更好解。

基于表 4-6~表 4-9 的分析，双层过滤变宽度束搜索算法比其他几种束搜索算法表现更为突出，证实了其有效性。

表 4-10~表 4-13 统计了分支定界算法、分支定界-变邻域搜索算法与双层过滤变宽度束搜索算法计算结果。CT 表示运行时间，单位为秒（s）；$IR1$ 表示分支定界-变邻域搜索算法相对于分支定界算法的改进程度；$IR2$ 和 $IR3$ 分别是双层过滤变宽度束搜索算法相对于分支定界算法和分支定界-变邻域搜索算法的改进程度。从本书给出的算例来看，所有算法在给定时间内都得到了可行解。

表 4-10　工件数为 8 个时 BB、BBVNS 算法与 DLFVWBS 算法计算结果比较

工件数/个	BB		BBVNS			DLFVWBS		
	制造周期	CT/s	制造周期	$IR1/\%$	CT/s	$IR2/\%$	$IR3/\%$	CT/s
10	1518	600	1462	3.69	600	0.00	-3.83	9.86
12	2043	600	1980	3.08	600	12.82	10.05	21.05
14	2262	600	2189	3.23	600	-1.06	-4.43	39.63
16	2581	600	2405	6.82	600	0.31	-6.99	66.84
18	3160	600	3061	3.13	600	7.15	4.15	102.78
20	3575	600	3237	9.45	600	10.77	1.45	155.01

从计算时间分析，利用双层过滤变宽度束搜索算法计算的算例中，随着算例规模变大，计算时间不断增加，有 5 个算例计算时间为 600s，占比 20.83%；其他两种算法用时都为 600s。就计算时间来讲，双层过滤变宽度束搜索算法占据极大优势。

表 4-11 工件数为 10 个时 BB、BBVNS 算法与 DLFVWBS 算法计算结果比较

工件数 /个	BB		BBVNS			DLFVWBS		
	制造周期	CT/ s	制造周期	IR1/%	CT/ s	IR2/%	IR3/%	CT/ s
10	1968	600	1941	1.37	600	7.52	6.23	22.93
12	2220	600	2190	1.35	600	2.61	1.28	54.96
14	2674	600	2532	5.31	600	1.65	−3.87	105.34
16	3209	600	3114	2.96	600	3.65	0.71	197.17
18	3501	600	3410	2.60	600	−2.40	−5.13	331.88
20	4439	600	4271	3.78	600	12.19	8.73	468.59

表 4-12 工件数为 12 个时 BB、BBVNS 算法与 DLFVWBS 算法计算结果比较

工件数 /个	BB		BBVNS			DLFVWBS		
	制造周期	CT/ s	制造周期	IR1/%	CT/ s	IR2/%	IR3/%	CT/ s
10	2487	600	2396	3.66	600	10.41	7.01	52.54
12	2717	600	2614	3.79	600	3.83	0.04	110.24
14	3407	600	3166	7.07	600	8.16	1.17	236.90
16	3646	600	3478	4.61	600	2.17	−2.56	454.26
18	4213	600	4116	2.30	600	4.06	1.80	600.00
20	4528	600	4449	1.74	600	4.70	3.01	600.00

表 4-13 工件数为 14 个时 BB、BBVNS 算法与 DLFVWBS 算法计算结果比较

工件数 /个	BB		BBVNS			DLFVWBS		
	制造周期	CT/ s	制造周期	IR1/%	CT/ s	IR2/%	IR3/%	CT/ s
10	2662	600	2570	3.46	600	3.08	−0.39	91.71
12	3573	600	3330	6.80	600	14.36	8.11	220.92
14	3776	600	3730	1.22	600	6.30	5.15	440.28
16	4499	600	4389	2.44	600	11.38	9.16	600.00
18	4966	600	4827	2.80	600	8.72	6.09	600.00
20	5537	600	5454	1.50	600	13.29	11.97	600.00

从解的质量分析，双层过滤变宽度束搜索算法相对于分支定界算法的最大改进率为 14.36%，平均改进率为 6.07%，未能改进算例个数为 2 个，占比 8.33%；分支定界-变邻域搜索算法相对于分支定界算法的最大改进率为 9.45%，平均改进率为 3.67%。相对分支定界算法，从改进算例个数分析，分支定界-变邻域搜

索算法比双层过滤变宽度束搜索算法具有优势。从平均改进程度分析，双层过滤变宽度束搜索算法具有较大优势。

将双层过滤变宽度束搜索算法与分支定界-变邻域搜索算法比较，随着工件数增多，双层过滤变宽度束搜索算法改进效率越来越明显；从计算时间分析，双层过滤变宽度束搜索算法具有极大优势。从解的质量分析，双层过滤变宽度束搜索算法改进算例个数为 17 个，占比 70.83%，最大改进率为 11.97%，平均改进率为 4.33%；未能改进算例个数为 7 个，占比 29.17%。所以，双层过滤变宽度束搜索算法相对于分支定界-变邻域搜索算法具有一定优势。从计算时间和解的质量综合分析，双层过滤变宽度束搜索算法比分支定界-变邻域搜索算法更具有优势。

将双层过滤变宽度束搜索算法与双层过滤定宽度束搜索算法、局部搜索算法、全局搜索算法、分支定界算法以及分支定界-变邻域搜索算法比较后发现，双层过滤变宽度束搜索算法能搜索到更好解，表现更为突出。

本节针对多工作站混流生产机器人制造单元调度问题，设计了可行机器人活动插入方法，构建可行解；基于可行机器人活动插入法，提出了双层过滤变宽度束搜索算法，时间复杂度为 $O(n^2(m^2-1)-n(m-3))$。在给定时间内，计算随机生成的算例，将双层过滤变宽度束搜索算法与双层过滤定宽度束搜索算法、局部搜索算法、全局搜索算法、分支定界算法以及分支定界-变邻域搜索算法比较，无论解的质量还是计算时间，双层过滤变宽度束搜索算法都具有较强竞争力。

4.7 化学反应优化算法

4.6 节中，设计了双层过滤变宽度束搜索算法求解多工作站混流生产机器人制造单元调度问题。在较短时间内，得到了问题的近似最优解。双层过滤变宽度束搜索算法的不足在于，解的质量不高。实际生产中，通过适当增加时间，提高求解质量，有助于改善企业运营管理，能够使企业提高经济效益。为了改善解的质量，本节设计了有效化学反应优化（Effective Chemical Reaction Optimization, ECRO）算法。

4.7.1 基本化学反应优化算法

化学反应优化（Chemical Reaction Optimization, CRO）算法是 Lam 等人[152]提出的元启发式算法。化学反应优化算法模拟化学反应中新分子生成过程，以能量守恒定律和熵理论为基础构建。化学反应优化算法包含四个基本反应：分子与容器壁的无效碰撞、分子间的无效碰撞、分解反应和合成反应。前两种反应执行深度搜索，加速算法收敛性；后两种反应执行广度搜索，保持解的多样，避免陷入局部最优。

由于化学反应优化算法中的能量守恒要求与模拟退火算法中的 Metropolis 算法相似，而分解反应和合成反应与遗传算法的交叉操作和变异操作类似[153]，因此化学反应优化算法具有模拟退火算法和遗传算法的优点。实验[152,153]表明，化学反应优化算法的性能优于其他群智能算法。由于化学反应优化算法能跳出局部最优解，它已成功用于求解组合优化问题，包括一般超序问题[170]、目标识别问题[171]、运输问题[172]、背包问题[173]和调度问题[174~176]，展示了化学反应优化算法优异的寻优能力。

基本化学反应优化中，具有多种属性的分子 π 代表问题的解，每个分子由多个原子组成并且被原子种类、化学键长度和角度以及原子的运行方式分为不同种类[152]，当某个特征改变后，一个分子就变为另一个分子。每个分子拥有势能（Potential Energy，PE）和动能（Kinetic energy，KE）两种能量。势能 PE 表示分子对应的目标函数值，动能 KE 代表算法跳出局部最优解的能力。基本化学反应优化算法流程如图 4-9 所示，包含三个阶段，每个阶段详细描述有如下内容。

第一阶段：初始化阶段，包含以下两步。

步骤 1：初始化参数，包括种群大小 $Popsize$、单分子反应临界点 $Molecoll$、初始动能 $InitialKE$、能量中心 $buffer$、动能损失率 $KElossRate$、分解反应临界点 α、合成反应临界点 β。

步骤 2：初始化种群。

第二阶段：迭代阶段，包含以下三步。

步骤 1：若满足单分子反应条件，执行步骤 2；否则，执行步骤 3。

步骤 2：若分解反应条件满足，执行分解反应；否则，执行分子与容器壁无效碰撞。

步骤 3：如果合成反应条件满足，执行合成反应；否则，执行分子间的无效碰撞。

第三阶段：输出阶段。

如果停止条件满足，输出近似最优解，并且算法终止。

4.7.2　有效化学反应优化算法

基本化学反应优化算法只是一个算法框架，需要针对特定问题，设计基本反应操作。有效化学反应优化算法以构建可行解的可行机器人活动插入法为基础，设计插入机器人活动顺序方法（Insert Robotic Activity Method，IRAM）生成初始

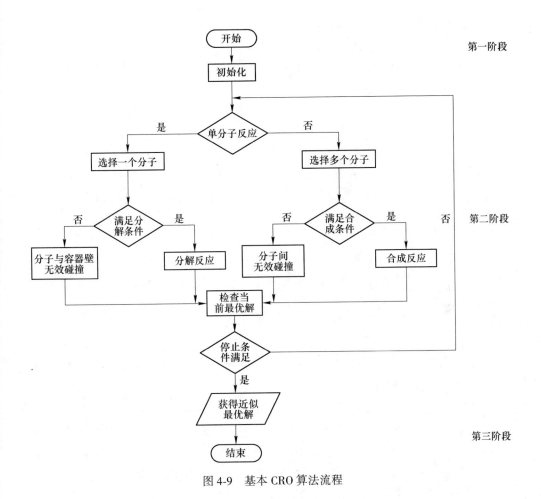

图 4-9 基本 CRO 算法流程

种群；利用可行解性质构建基本反应操作；利用锦标赛选择实现选择操作。

由于有效化学反应优化算法从多个解开始独立搜索，以便尽快找到近似最优解。好的初始解，有助于提高搜索效率。本节提出了插入机器人活动顺序方法构建初始解，详细步骤见程序 1。

程序 1：插入机器人活动顺序方法。

步骤 1：令已排序机器人活动集合 $Rdone = \{\tau_0\}$，未排序机器人活动集合 $Rtodo$ 包含所有余下机器人活动，令 $A = n(m + 1) - 2$。

步骤 2：从未排序机器人活动集合 $Rtodo$ 中随机选取机器人活动 τ_j。

步骤 3：机器人活动 τ_j 被插入已排序机器人活动集合末尾。

步骤 4：依据可行机器人活动插入法，如果已排序机器人活动集合是部分可行解，执行步骤 5 到步骤 6；否则，回到步骤 2。

步骤 5：将机器人活动 τ_j 加入已排序机器人活动集合，从未排序机器人活动集合删除机器人活动 τ_j，令 $A = A - 1$。

步骤 6：k 取值 1 到 A。

步骤 7：依据可行机器人活动插入法，未排序机器人活动集合中第 k 个位置的所有机器人活动被选取。

步骤 8：利用 Brucker 等人[169]提出的下界计算方法，选择使得已排序机器人活动集合下界最小的机器人活动插入已排序机器人活动集合中第 k 个位置。

步骤 9：删除选中机器人活动，令 $A = A - 1$，$k = 1$。

在程序 1 中，由步骤 6 到步骤 9 可知，插入机器人活动顺序方法最坏时间复杂度为 $O(n(m+1))$。在有效化学反应优化算法中，执行程序 1 $Popsize$ 次，初始种群被产生。

基本反应是有效化学反应优化算法的重点，通过对基本反应算子的设计和构建，使得算法在解空间进行不同方式的搜索，从而发现近似最优解。本书采用可行解性质进行基本反应算子构建，执行基本反应后不会产生不可行解，减少操作步骤，在同等时间条件下，提高搜索效率。下面详细介绍基本反应算子设计过程。

分子与容器壁无效碰撞是局部搜索，执行深度搜索，提高搜索质量。本书采用引理 4 或推论 2 构建分子与容器壁无效碰撞算子，称引理 4 或推论 2 为相邻交换（Neighbourhood Exchange，NE）。

为了提高分子与容器壁无效碰撞算子的效率，依据 Brucker 等人[169]给出计算下界的方法，分别计算交换前和交换后的下界。如果交换后的下界小于交换前的下界，就执行交换；否则，重新选择交换点。为此，先给出相邻交换实现步骤，然后给出分子与容器壁无效碰撞算子实现过程，详细步骤见程序 2。

程序 2：相邻交换。

步骤 1：从分子 π 中随机选择一个位置 ν，对应机器人活动 $\tau_{\mu(\nu)}$。

步骤 2：如果满足相邻交换条件，执行步骤 3 到步骤 6。

步骤 3：计算部分可行调度 $\pi_1 = (\tau_0, \tau_{\mu(1)}, \cdots, \tau_{\mu(\nu-1)}, \tau_{\mu(\nu)})$ 和 $\pi_2 = (\tau_0, \tau_{\mu(1)}, \cdots, \tau_{\mu(\nu-1)}, \tau_{\mu(\nu+1)})$ 的下界，分别记为 $LB1$ 和 $LB2$。

步骤 4：如果部分可行调度 π_1 的下界大于部分可行调度 π_2 的下界，即 $LB1 > LB2$，交换机器人活动 $\tau_{\mu(\nu)}$ 和机器人活动 $\tau_{\mu(\nu+1)}$。

步骤 5：如果部分可行调度 π_1 的下界等于部分可行调度 π_2 的下界，即 $LB1 = LB2$，分别计算 $\pi'_1 = (\tau_{\mu(\nu+1)}, \tau_{\mu(\nu+2)}, \cdots, \tau_{\mu(n(m+1)-1)})$ 和 $\pi'_2 = (\tau_{\mu(\nu)}, \tau_{\mu(\nu+2)}, \tau_{\mu(\nu+3)}, \cdots, \tau_{\mu(n(m+1)-1)})$ 的下界 $GLB1$ 和 $GLB2$。

步骤 6：如果 $LB1 + GLB1 > LB2 + GLB2$，交换机器人活动 $\tau_{\mu(\nu)}$ 和机器人活动 $\tau_{\mu(\nu+1)}$；否则，转步骤 1。

步骤 7：如果部分可行调度 π_1 的下界小于部分可行调度 π_2 的下界，即

$LB1 < LB2$，转步骤 1。

分子与容器壁无效碰撞算子实现步骤见程序 3。

程序 3：分子与容器壁无效碰撞。

步骤 1：执行选择操作，选择分子 π。

步骤 2：调用程序 2，生成新分子 π'。

步骤 3：计算分子 π' 的势能值 $PE_{\pi'}$。

步骤 4：如果分子 π' 的势能小于分子 π 的势能和动能之和，即 $PE_{\pi'} \leqslant PE_{\pi} + KE_{\pi}$，执行步骤 5 到步骤 8。

步骤 5：在动能损失率 $KELossRate$ 与 1 之间，即 $[KELossRate, 1]$ 之间随机选择一个数 p。

步骤 6：令 $KE_{\pi'} = (PE_{\pi} + KE_{\pi} - PE_{\pi'}) \times p$。

步骤 7：令 $buffer = buffer + (PE_{\pi} + KE_{\pi} - PE_{\pi'}) \times (1 - p)$。

步骤 8：用分子 π' 取代分子 π。

分解反应属于广度搜索，目的是保持解的多样性，避免陷入局部最优。基本化学反应优化算法中，分解反应可以产生两个及两个以上的新分子。本书利用引理 1 构建分解反应操作，且分解反应发生后产生两个新分子。引理 1 最大特点是工件加工顺序不变，机器人运行顺序改变。因此，本书将引理 1 构建的邻域结构命名为：变机器人运行顺序（Variable Robotic Moves Sequence，VRMS）。下面首先介绍变机器人运行顺序邻域实现步骤，接着阐述分解反应操作实现步骤。

程序 4：变机器人运行顺序。

步骤 1：从分子 π 中随机选择一个位置 ν。$Q(\mu(\nu))$ 和 $\tau_{\mu(\nu)}$ 分别对应位置 ν 的工作站编号和机器人活动。

步骤 2：在分子 π 中找到机器人活动 $\tau_{\mu(i')}$，机器人活动 $\tau_{\mu(i'')}$，机器人活动 $\tau_{\mu(\bar{i}')}$ 和机器人活动 $\tau_{\mu(\bar{i}'')}$，且满足条件：（1）i' 和 i'' 是右边最靠近位置 ν 的工作站，$\bar{i}'$ 和 $\bar{i}''$ 是左边最靠近位置 ν 的工作站；（2）$Q(\mu(i')) = Q(\mu(\bar{i}')) = Q(\mu(\nu)) - 1$ 和 $Q(\mu(i'')) = Q(\mu(\bar{i}'')) = Q(\mu(\nu)) + 1$。

步骤 4：令 $\gamma_1 = \max(i', i'')$ 和 $\gamma_2 = \max(\bar{i}', \bar{i}'')$，在 γ_1 和 γ_2 之间随机生成整数 ρ。

步骤 5：将机器人运动 $\tau_{\mu(\nu)}$ 插入位置 ρ，产生新分子 π'。

分解反应算子实现步骤在程序 5 中详细阐述。

程序 5：分解反应。

步骤 1：调用选择操作，选择分子 π。

步骤 2：执行程序 4 两次，生成两个新分子分别为：分子 π' 和分子 π''。

步骤 3：分别计算分子 π' 和分子 π'' 的势能值 $PE_{\pi'}$ 和 $PE_{\pi''}$。

步骤 4：令逻辑变量 $flag = false$，$temp1 = PE_\pi + KE_\pi - (PE_{\pi'} + PE_{\pi''})$。

步骤 5：如果 $temp1 \geq 0$，执行步骤 6 到步骤 8；否则，执行步骤 9。

步骤 6：令逻辑变量 $flag = true$。

步骤 7：生成 0 到 1 之间的随机数 q。

步骤 8：令 $KE_{\pi'} = temp1 \times q$ 和 $KE_{\pi''} = temp1 \times (1 - q)$，分别为分子 π' 和分子 π'' 的动能值。

步骤 9：如果 $temp1 + buffer \geq 0$，执行步骤 10 到步骤 12。

步骤 10：令逻辑变量 $flag = true$。

步骤 11：生成 0 到 1 之间的四个随机数 p_1、p_2、p_3 和 p_4。

步骤 12：分子 π' 和分子 π'' 的动能值分别为 $KE_{\pi'} = (temp1 + buffer) \times p_1 \times p_2$ 和 $KE_{\pi''} = (temp1 + buffer - KE_{\pi''}) \times p_3 \times p_4$，令 $buffer = temp1 + buffer - KE_{\pi'} - KE_{\pi''}$。

步骤 13：从当前种群删除分子 π，将分子 π' 和分子 π'' 加入当前种群。

分子间无效碰撞是两个或多个分子间发生的反应，生成两个或多个分子，属于深度搜索，加快算法收敛速度。本书考虑两分子发生碰撞后生成两分子情形的分子间无效碰撞。由于分子间无效碰撞属于深度搜索，因此新生成的两分子应尽量保持原分子特征，为此，本书利用引理 5 构建了分子间无效碰撞操作。在引理 5 中，工件加工顺序改变，机器人运行顺序不变，故将引理 5 构建的邻域结构称为工件交换（Part Exchange, PEx）。接下来先阐述工件交换实现步骤，然后介绍基于工件交换的分子间无效碰撞操作实现步骤。

程序 6：工件交换。

步骤 1：从分子 π 中随机选择两个位置 ν 和 ψ。

步骤 2：从分子 π 中分别找到位置 ν 和位置 ψ 对应工件 $job(\mu(\nu))$ 和 $job(\mu(\psi))$。

步骤 3：如果 $job(\mu(\nu))$ 和 $job(\mu(\psi))$ 相同，执行步骤 1；否则，执行步骤 4。

步骤 4：将引理 5 应用于分子 π，生成新分子 π'。

程序 7 详解介绍了基于工件交换的分子间无效碰撞操作实现步骤。

程序 7：分子间无效碰撞。

步骤 1：利用选择操作，选择分子 π_1 和分子 π_2。

步骤 2：从分子 π_1 中随机选择一个位置 ν。

步骤 3：分别从分子 π_1 和分子 π_2 中找到位置 ν 对应工件 Job_1 和 Job_2。

步骤 4：若工件 Job_1 和工件 Job_2 是同一工件，执行步骤 2；否则，执行步骤 5 到步骤 11。

步骤 5：分别对分子 π_1 和分子 π_2 执行程序 6，生成两个分子分别为分子 π_1' 和分子 π_2'。

步骤 6：分别计算分子 π'_1 和分子 π'_2 的势能值 $PE_{\pi'_1}$ 和势能值 $PE_{\pi'_2}$。

步骤 7：令 $temp2 = PE_{\pi_1} + KE_{\pi_1} + PE_{\pi_2} + KE_{\pi_2} - (PE_{\pi'_1} + KE_{\pi'_2})$。

步骤 8：如果 $temp2 \geqslant 0$，执行步骤 9 到步骤 10。

步骤 9：生成 0 到 1 之间的随机数 q。

步骤 10：分别计算分子 π'_1 和分子 π'_2 的动能值为 $KE_{\pi'_1} = temp2 \times q$ 和动能值 $KE_{\pi'_2} = temp2 \times (1 - q)$。

步骤 11：从当前种群中删除分子 π_1 和分子 π_2，将分子 π'_1 和分子 π'_2 加入当前种群。

在基本化学反应优化算法中，当合成反应发生时，两个或两个以上的分子合成一个分子。本书考虑两分子合成反应。合成反应执行广度搜索，保持解的多样性，避免陷入局部最优解；要求合成反应算子既能保持原分子的有效特征，又能使新分子具有不同于原分子的新信息。距离保护交叉操作（Distance-Preserving Crossover Operator，DPCO)[156]不但能保持原分子的优秀基因，而且产生的新分子还能具有自己的特征，因此，本书采用距离保护交叉操作构建合成反应算子，距离保护交叉操作的实现步骤见程序 8。

程序 8：距离保护交叉操作。

步骤 1：分别找到分子 π_1 和分子 π_2 对应工件加工顺序 JOB_1 和工件加工顺序 JOB_2。

步骤 2：应用距离保护交叉操作，以工件加工顺序 JOB_1 和工件加工顺序 JOB_2 为基础，生成新工件加工顺序 JOB。

步骤 3：分别找到分子 π_1 和分子 π_2 对应机器人运行顺序 RA_1 和机器人运行顺序 RA_2。

步骤 4：生成 0 到 1 上的随机数 q。

步骤 5：令 RA 表示新分子 π 的机器人运行顺序。如果 $q \geqslant 0.5$，机器人运行顺序 RA 与机器人运行顺序 RA_1 相同；否则，机器人运行顺序 RA 与机器人运行顺序 RA_2 相同。

步骤 6：基于工件加工顺序 JOB 和机器人运行顺序 RA，生成新分子 π。

合成反应算子实现过程见程序 9。

程序 9：合成反应。

步骤 1：利用选择操作，选择分子 π_1 和分子 π_2。

步骤 2：运行程序 8，生成新分子 π。

步骤 3：计算分子 π 的势能值 PE_π，令逻辑变量 $flag = false$。

步骤 4：令 $temp3 = PE_{\pi_1} + KE_{\pi_1} + PE_{\pi_2} + KE_{\pi_2} - PE_\pi$。

步骤 5：如果 $temp3 \geqslant 0$，执行步骤 6 到步骤 8。

步骤 6：令逻辑变量 $flag = true$。

步骤 7：令 $KE_\pi = temp3$ 作为分子 π 的动能值。

步骤 8：从当前种群中删除分子 π_1 和分子 π_2，加入分子 π。

选择操作有多种方式，比如轮盘赌选择、基于次序的选择和锦标赛选择等。轮盘赌选择易于实现，但是异常个体容易控制选择进程，使得算法陷入局部最优解。基于次序的选择在开始阶段每个分子的选择概率差不多，类似于随机选择，避免了算法一开始就被异常个体控制，陷入局部最优解。随着算法运行，最有前途个体被选中的机会越来越大，后期容易被异常个体控制，导致种群多样性缺失，难以跳出局部最优解。锦标赛选择能很好避免异常个体控制选择过程，并保持解的多样性，跳出局部最优解。因此，本节采用锦标赛选择进行选择操作。

锦标赛选择的关键点是竞赛规模确定。化学反应优化算法与遗传算法的区别是，化学反应优化算法是变种群算法，每次迭代，仅选择需要参加反应的个体数；而遗传算法是定种群算法，每次迭代，需要选择种群大小的个体数。为了使有效化学反应优化算法更有效，在选择过程中，先随机选择当前种群大小中三分之一的个体，然后从选取的三分之一的个体中，选择最有前途的个体进行下一步操作。具体实现步骤如下：

步骤 1：当前种群中三分之一的个体被随机选择。

步骤 2：如果是单分子反应，从选出的分子中选择一个最有前途的分子。

步骤 3：如果是两分子反应，执行步骤 1 两次，每次选择一个最有前途的分子。

4.7.3 算例仿真

本节通过计算随机算例展示有效化学反应优化算法的有效性。为此，针对多工作站混流生产机器人制造单元问题产生了多个计算实例，进行了广泛的计算实验。所有算法利用 C++ 语言编程，在 Microsoft Visual Studio 2010 实现，运行于 Intel(R)Core(TM)i5-4460 CPU@ 3.20GHz 和内存为 8GB 的台式计算机环境，每个算例独立运行 15 次。

本节算例按照 Kamoun 等人[71] 提供的方式产生，工件加工时间下界 $a_{i,j}(j \in \Theta, i \in \Omega)$ 为整数，且服从 20~99 之间的均匀分布，最小工件集中工件个数 n 分别为 5、6、7、8。工作站数 m 取值为 4~20 之间的偶数，共生成 36 个算例。有载运行时间 $\theta_{i,j} = 6(j \in \Theta, i \in \Omega^*)$，空载运行时间 $\delta_{q,k} = 4|q-k|(q, k \in \Omega')$。

为了评价插入机器人活动顺序方法绩效，将插入机器人活动顺序方法与 4.5 节提出的随机修复方法相比较。应用两种方法分别对每个算例各产生 30 个解，比较两种方法产生的最大值、最小值、中位数和众数等。每个算例中，将插入机器人活动顺序方法取得的最大值记为 *MAXIRAM*，将随机修复方法取得的最小值记为 *MINRR*，将插入机器人活动顺序方法取得的最大值占随机修复方法取得的最小值的百分比记为 *PR*，由式（4-29）计算。

$$PR = MAXIRAM/MINRR \times 100\% \qquad (4\text{-}29)$$

图 4-10 展示了最小工件集中工件数为 5、6、7、8 时，插入机器人活动顺序方法与随机修复方法产生解的质量。从图 4-10 可以发现，随着工件数增多，目标函数值越来越大；当工件数固定时，随着工作站数变大，目标函数值变大。就每个算例分析，插入机器人活动顺序方法计算的 30 个目标函数值比随机修复方法取得的 30 个目标函数值更为集中，且插入机器人活动顺序方法取得的最大值小于随机修复方法取得的最小值，表明了插入机器人活动顺序方法能够生成更好的初始解。

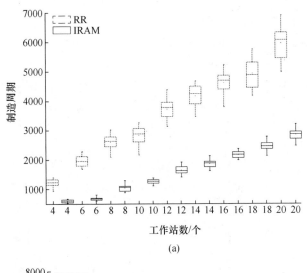

(a)

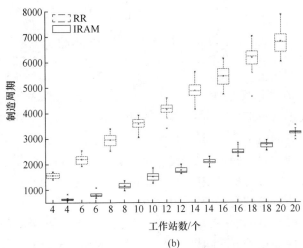

(b)

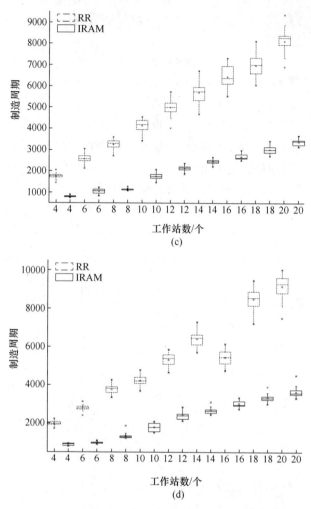

图 4-10　RR 方法和 IRAM 方法产生的解比较

（a）$n=5$；（b）$n=6$；（c）$n=7$；（d）$n=8$

　　虽然从图 4-10 能够发现插入机器人活动顺序方法取得的最大值小于随机修复方法取得的最小值，但是不能展示出插入机器人活动顺序方法取得的最大值与随机修复方法取得的最小值之间的数量关系。利用式（4-29）计算了两个值之间的数量关系，展现在表 4-14 中。从表 4-14 可以发现，插入机器人活动顺序方法取得的最大值最小仅占随机修复方法取得的最小值的 45.80%，小一半多；最大仅占随机修复方法取得的最小值的 70.82%，即三分之二多一点；平均仅占随机修复方法取得的最小值的 59.05%，不到三分之二。这个结果表明了插入机器人活动顺序方法生成的初始解比随机修复方法产生的初始解具有更好的质量。

表 4-14　RR 方法的最小值和 IRAM 方法的最大值比较

工作站数 /个	工件数为 5 个		工件数为 6 个		工件数为 7 个		工件数为 8 个	
	MINRR	*PR*/%	*MINRR*	*PR*/%	*MINRR*	*PR*/%	*MINRR*	*PR*/%
4	670	70.82	831	58.85	898	62.06	945	54.85
6	966	57.30	1085	56.01	1220	57.52	**1100**	**45.80**
8	1285	72.03	1365	54.00	1268	46.77	1863	55.78
10	1374	64.66	1864	61.05	2072	60.66	2082	56.59
12	1915	61.18	2004	58.77	2365	58.89	2839	61.04
14	2126	61.53	2304	55.38	2657	56.87	3102	54.45
16	2361	62.41	2832	59.63	2978	53.85	3337	70.27
18	2774	66.51	2942	63.24	3419	56.47	3897	54.04
20	3203	64.41	3541	58.81	3666	53.06	4503	60.08

　　为了证实有效化学反应优化算法更有效，能搜索到更好解。将有效化学反应优化算法与分支定界算法（Branch and Bound, BB）和 4.6 节提出的双层过滤变宽度束搜索（Double Layers Filtered Variable Width Beam Search, DLFVWBS）算法相比较，为了下文便于叙述，本小节将 DLFVWBS 简记为 BS。BB 算法是基于可行机器人活动插入法（Feasible Robotic Activity Insertion Method, FRAIM）构建的精确算法。

　　有效化学反应优化算法绩效受参数影响较大，目前还没有文献关于化学反应优化算法优化多工作站混流生产机器人制造单元问题参数设置的报道。因此，在参考 Lam 和 Li[153] 对化学反应优化算法参数取值基础上，经过多次试验，有效化学反应优化算法参数取值列在表 4-15 中。算法终止条件为：程序运行时间超过 600s。

表 4-15　ECRO 参数取值

KE	*KELossRate*	*MoleColl*	α	β	*buffer*	*Popsize*
1000	0.2	0.2	100	200	0	30

　　为了更好展示有效化学反应优化算法的绩效，定义符号 $AVGE_l^r$（$r \in \{$BB, BS, ECRO$\}$，$l \in \{4, 6, 8, 10, 12, 14, 16, 18, 20\}$）表示每个算例运行后计算目标函数值的平均值；而 $IR1_l$、$IR2_l$、$IR3_l$ 是改进率，其计算公式分别为式（4-30）、式（4-31）和式（4-32）。

$$IR1_l = [(AVGE_l^{BB} - AVGE_l^{BS})/AVGE_l^{BB}] \times 100\% \qquad (4\text{-}30)$$

$$IR2_l = [(AVGE_l^{BB} - AVGE_l^{ECRO})/AVGE_l^{BB}] \times 100\% \qquad (4\text{-}31)$$

$$IR3_l = [(AVGE_l^{BS} - AVGE_l^{ECRO})/AVGE_l^{BS}] \times 100\% \tag{4-32}$$

$AVGIR_{BS}$ 和 $AVGIR_{ECRO}$ 表示相同工作站、不同工件数时，双层过滤变宽度束搜索和有效化学反应优化算法的平均改进率，计算公式分别为式（4-33）和式（4-34）。

$$AVGIR_{BS} = \sum_l IR1_l/9 \tag{4-33}$$

$$AVGIR_{ECRO} = \sum_l IR2_l/9 \tag{4-34}$$

图 4-11 展示了有效化学反应优化算法和双层过滤变宽度束搜索的优势。尽管有效化学反应优化算法随着最小工件集中工件数 n 从 5~8 时，改进率呈现下降趋势，但有效化学反应优化算法是表现最好的。当最小工件集中工件数为 5 和最小工件集中工件数为 6 时，双层过滤变宽度束搜索算法的求解效果比分支定界算法还差，当最小工件集中工件数为其他值时，双层过滤变宽度束搜索算法的计算效果优于分支定界算法。对于算例中所有给定的最小工件集中工件数值，有效化学反应优化算法的效果都远优于分支定界算法。有效化学反应优化算法和双层过滤变宽度束搜索算法比较，当最小工件集中工件数从 5~7 时，有效化学反应优化算法具有优势，但是优势在减弱；当最小工件集中工件数为 8 时，有效化学反应优化算法的计算效果比双层过滤变宽度束搜索算法稍差。

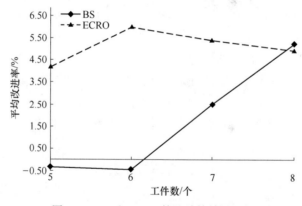

图 4-11　BS 和 ECRO 算法计算效果比较

表 4-16 和表 4-17 展示了分支定界算法、双层过滤变宽度束搜索算法和有效化学反应优化算法的计算结果。从总体分析发现，高质量的解能够被有效化学反应优化算法搜索到。有效化学反应优化算法和分支定界算法比较，在 36 个算例中，有 6 个算例的改进率小于零，即有效化学反应优化算法的计算效果比分支定界算法差，在未得到改进的 6 个算例中，虽然改进率的最小值为 -2.51%，但是其绝对值仅相差 18。在余下算例中，最差改进率为 0.16%，最好改进率为 20.14%，平均改进率为 6.41%。有效化学反应优化算法和双层过滤变宽度束搜

索算法比较,尽管有 7 个算例没有得到改进,但是在改进的算例中,最大改进率为 10.81%,平均改进率为 4.56%,表明在改进的算例中,有一半的算例改进率超过 5%,证实了有效化学反应优化算法的有效性。

表 4-16 工件数分别为 5 个和 6 个时,ECRO 算法的计算效果

工作站数/个	工件数为 5 个					工件数为 6 个				
	制造周期			改进率/%		制造周期			改进率/%	
	BB	BS	ECRO	IR2	IR3	BB	BS	ECRO	IR2	IR3
4	490	491	498	−1.71	−1.51	566	602	580	−2.51	3.62
6	618	603	582	5.79	3.45	805	713	683	15.20	4.26
8	859	877	826	3.84	5.82	948	971	929	1.98	4.30
10	1115	1122	1057	5.20	5.79	1193	1255	1148	3.81	8.56
12	1380	1469	1398	−1.33	4.81	1568	1659	1515	3.39	8.69
14	1739	1656	1599	8.06	3.45	1952	1966	1865	4.45	5.13
16	1979	1949	1868	5.59	4.14	2265	2303	2097	7.43	8.96
18	2140	2231	2103	1.72	5.73	2575	2487	2404	6.64	3.34
20	2722	2669	2437	10.48	8.71	3059	2953	2634	13.90	10.81

表 4-17 工件数分别为 7 个和 8 个时,ECRO 算法的计算效果

工作站数/个	工件数为 7 个					工件数为 8 个				
	制造周期			改进率/%		制造周期			改进率/%	
	BB	BS	ECRO	IR2	IR3	BB	BS	ECRO	IR2	IR3
4	669	728	674	−0.81	7.36	768	768	767	0.16	0.16
6	980	780	783	20.14	−0.33	963	899	905	6.02	−0.67
8	1060	1051	1044	1.55	0.70	1343	1200	1174	12.61	2.20
10	1484	1432	1394	6.04	2.63	1518	1518	1489	1.88	1.88
12	1667	1811	1669	−0.11	7.85	2043	1781	1832	10.32	−2.87
14	2119	2045	2024	4.46	1.01	2262	2286	2222	1.76	2.79
16	2484	2473	2433	2.05	1.61	2581	2573	2591	−0.40	−0.72
18	2840	2812	2713	4.49	3.53	3160	2934	3040	3.80	−3.61
20	3260	2923	2899	11.09	0.83	3575	3190	3270	8.53	−2.51

通过以上分析,有效化学反应优化算法在给定时间内,相对于分支定界算法和双层过滤变宽度束搜索算法,能够搜索到更好解,计算效率更高。

本小节提出了有效化学反应优化算法优化多工作站混流生产机器人制造单元调度问题。在有效化学反应优化算法中，利用可行机器人活动插入方法构建了生成初始种群的插入机器人活动顺序方法，得到了好的初始可行解；采用可行解性质设计了新颖的基本化学反应算子，不但每个基本反应实现后得到的解仍然是可行解，而且提高了算法搜索效率；采用改进的锦标赛选择实现了有效化学反应优化算法的选择操作，能避免有效化学反应优化算法陷入局部最优解；最后通过计算随机产生的算例可以发现，在给定时间内，有效化学反应优化算法能够搜索到更好解。

有效化学反应优化算法不足之处，验证算法有效性只选取了最小工件集中工件数分别为 5、6、7、8 情形，对于更多任务件情形，算法是否依然有效是一个值得研究的问题。就本书给出的算例来看，有效化学反应优化算法相对于双层过滤变宽度束搜索算法的改进效率不够高，甚至还有没有改进的情形，因此基本反应算子的设计还有进一步改进的空间。

4.8 本 章 小 结

本章以半导体芯片生产晶圆加工整个工艺流程为背景，提炼了多工作站混流生产机器人制造单元调度问题，首先给出了该问题的数学模型，分析数学模型，发现了可行解性质，为算法设计提供了理论基础。为了便于编码，定义了机器人活动，提出了机器人活动顺序编码，该编码方法不但可以将机器人运行顺序和工件加工顺序两个排序转化为一个排序，也就是将二维调度转换成一维调度，降低问题难度，而且可以同时优化机器人运行顺序和工件加工顺序。

针对多工作站混流生产机器人制造单元调度问题的 NP 难特性，设计了遗传算法、双层过滤变宽度束搜索算法和有效的化学反应优化算法进行了求解。遗传算法的重点主要利用随机修复方法和启发式规则方法进行了种群的初始化；利用引理 4 或推论 2 设计了变异算子，通过算例仿真发现，随机修复方法优于启发式规则方法。本章设计的双层过滤变宽度束搜索算法的创新点是提出了可行机器人活动插入法构建双层过滤变宽度束搜索算法分支节点。通过仿真实验，证实了双层过滤变宽度束搜索算法的有效性。虽然双层过滤变宽度束搜索算法能够在较短时间内搜索到较好解，但是易于陷入局部最优解，为了改进这个不足，提出了有效化学反应优化算法。为了获得好的初始解，应用可行机器人活动插入法构建了生成初始种群的新方法插入机器人活动顺序法；利用发现的可行解性质设计了基本化学反应算子，提高了算法的搜索能力；为了避免早熟，设计了改进的锦标赛选择算子实现了算法的选择操作，通过仿真算例证实了有效化学反应优化算法优于双层过滤变宽度束搜索算法。

目前按照产能与资金一般规律，每提高 1000 片晶圆产能，便需要投资约8000 万美元。可见，实业界希望提高机器人制造单元这种昂贵设备生产率。采用上述方法优化机器人制造单元工件加工顺序和机器人运行顺序，缩短了工件在工作站的停留时间，从而缩短了制造周期。由于工件在工作站上停留时间变短，减少了晶圆生产过程中对水、电资源的消耗量，降低了晶圆生产过程中有毒、有害物质排放量，减轻了半导体生产企业对环境的污染，从而降低了运营成本，加速了半导体制造企业的发展。由于工件在工作站上停留时间变短，缩短了制造周期，因此单位时间内加工工件增加，提高了生产效率，改进了机器人制造单元利用率，从而降低了生产成本，改善了企业运营管理不足的问题。由于晶圆生产时间变短，能够快速应对多变的市场需求，及时满足顾客苛刻的交货时间要求，所以极大地提升了企业竞争实力。

5 考虑转换时间混流生产机器人制造单元调度优化

第3章和第4章研究了以集成电路产业半导体生产中晶圆加工为背景的混流生产机器人制造单元调度优化方法。在前述研究中，假设机器人在相邻工作站之间的有载运行时间是定值，不同工作站之间的空载运行时间仅受工作站之间移动距离影响，不因为工件不同而不同，这与实际生产不相符。混流生产是不同工件具有相同或相似加工工艺，生产过程中，主要有两种因素影响机器人在相邻工作站之间的有载运行时间和不同工作站之间的空载运行时间。

机器人抓取技术因素，机器人制造单元系统里，一个高度自由的机器人负责装载和卸载工件，由于在装载和卸载工件时，机器人利用视觉引导系统进行图像处理和可视化服务[177]。本书研究混流生产机器人制造单元调度问题，涉及不同种类晶圆加工。当晶圆大小不同、厚薄不均时，视觉引导系统对图像的识别、夹钳的卡爪设置以及夹钳对准操作所耗费的时间也就不一样。实践中，机器人装载工件时，需要耗费时间来识别夹具的尺寸和位置，然后做出一些必要的调整和设置，最后才是装入对象。执行多操作的机器人制造单元系统，如焊接作业、钻孔作业、切割作业和冲压作业等就变得更加明显。

晶圆生产工艺因素，混流生产涉及不同种类晶圆在同一生产线上加工，不同种类晶圆对生产环境有不同要求，比如晶圆生产中沉淀和离子注入工序，不同种类晶圆进行沉淀和离子注入时需要的化学制剂浓度不同。在晶圆加工前，应先将化学制剂浓度进行调整，以适应加工晶圆种类。同时，后加工晶圆要求的化学制剂浓度受先加工晶圆影响，当晶圆加工顺序不同时，调整化学制剂浓度时间不一样。这不但延长了晶圆制造周期，而且影响晶圆交货速度，直接导致晶圆生产过程中能源消耗增加，生产成本上升，使半导体制造企业面临经营难题。本章将上述两因素涉及的机器人运行时间称为转换时间。晶圆种类不同时，转换时间不一样。关于机器人制造单元转换时间更详细介绍，可参考 Monkman 等人[178]的论述。

面对多变的市场需求和苛刻的顾客要求，将如何缩短制造周期问题，转化为生产运作管理层面考虑转换时间的机器人运行顺序调度和工件加工顺序规划问题。通过优化不同种类晶圆加工顺序和机器人运行顺序，缩短晶圆在机器人制造单元的驻留时间，降低水电等能源消耗量，减少污染物排放量，从而降低生产成本，解决半导体生产企业经营难题，具有重要现实意义和理论意义。研究成果将为我国半导体企业采用混流加工方式，考虑机器转换时间影响调度策略方面提供重要的科学管理理论支撑。

由于加工单类型工件机器人制造单元调度问题仅涉及一种类型工件，因此不考虑转换时间问题。从经典车间调度问题分析，具有转换时间的车间调度问题，影响工件加工完成时间、资源消耗、企业收益等，很早就吸引了众多学者关注[179~184]。混流生产机器人制造单元调度问题作为一类特殊车间调度问题，考虑转换时间将影响系统生产效率，增加系统运营成本，增大能源消耗，因此很有必要通过优化工件加工顺序和机器人运行顺序，降低上述负面影响。

本章研究考虑转换时间两工作站混流生产机器人制造单元调度问题。针对该问题 Fazel Zarandi 等人[26]设计了模拟退火算法进行求解，该方法的不足是初始解随机生成，导致算法搜索效果较差。本书针对该问题，设计了改进的减小关键路径长度算法生成初始解。为了便于与现有算法比较，以改进的减小关键路径长度算法为基础，设计了改进的模拟退火算法和新变邻域搜索（Novel Variable Neighborhood Search，NVNS）算法，有效改进了求解结果。

5.1 问 题 描 述

本章研究的机器人制造单元由两工作站，分别是工作站 P_1 和工作站 P_2、一个装载站 P_0、一个卸载站 P_3 和一个机器人组成。n 个类型不完全相同的工件从装载站 P_0 进入系统，依次在工作站 P_1 和工作站 P_2 上加工，最后从卸载站 P_3 离开系统。不考虑加工中断和先占，也不涉及中间缓存工作站。不同工件在相同工作站上加工时间一般不同，工件 J_j 在工作站 P_i 满足最小加工时间 $a_{i,j}(j \in \Theta = \{1, 2, \cdots, n\}, i = 1, 2)$。机器人负责将工件从工作站 P_k 搬运到工作站 $P_{k+1}(k = 0, 1, 2)$，且任何时刻机器人最多能搬运一个工件，任何一个工作站最多能加工一个工件。通过优化工件加工顺序和规划机器人运行顺序，最小化相邻两个最小工件集中第一个工件进入机器人制造单元之间的时间间隔，即最小化制造周期 T。

ε_j^0 表示从装载站 P_0 卸下工件 J_j 耗时；ε_j^3 表示在卸载站 P_3 装入工件 J_j 耗时；$\varepsilon_{l,j}^{i,1}$ 表示在工件 J_l 后将工件 J_j 装入工作站 $P_i(i = 1, 2)$ 耗时；$\varepsilon_{l,j}^{i,2}$ 表示在工件 J_l 后从工作站 $P_i(i = 1, 2)$ 卸下工件 J_j 耗时。λ 表示机器人从工作站 P_k 移动到工作站 $P_{k+1}(k = 0, 1, 2)$ 耗时。

5.2　模　型　构　建

两工作站混流生产机器人制造单元调度问题可能的机器人运行顺序分别为 S_1 和 S_2。如果初始状态为将工件 J_j 装入工作站 P_2，那么机器人运行顺序 S_1 和机器人运行顺序 S_2 可以分别做如下详细描述。

机器人运行顺序 S_1：机器人将工件 J_j 装入工作站 P_2，并在工作站 P_2 等待，直到工件 J_j 被加工完成；从工作站 P_2 卸下工件 J_j，并且移动到卸载站 P_3，将工件 J_j 装入卸载站 P_3。机器人空载运行到装载站 P_0，搬运工件 J_{j+1}，并且移动到工作站 P_1，将工件 J_{j+1} 装入工作站 P_1，机器人将在工作站 P_1 等待，直到工件 J_{j+1} 被加工完成，机器人从工作站 P_1 卸下工件 J_{j+1}，并且移动到工作站 P_2，将工件 J_{j+1} 装入工作站 P_2。图 5-1 展示了机器人运行顺序 S_1。

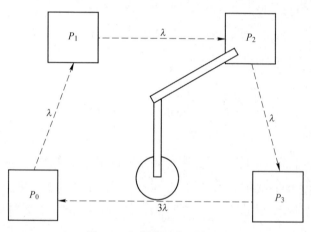

图 5-1　机器人运行顺序 S_1

机器人运行顺序 S_2：机器人将工件 J_j 装入工作站 P_2，然后机器人移动到装载站 P_0，搬运工件 J_{j+1}，并且移动到工作站 P_1，将工件 J_{j+1} 装入工作站 P_1，机器人空载移动到工作站 P_2，如果 J_j 未加工完成，那么在工作站 P_2 等待，直到工件 J_j 被加工完成，从工作站 P_2 卸下工件 J_j，并且移动到卸载站 P_3，将工件 J_j 装入卸载站 P_3。机器人空载运行到装载站 P_1，如果 J_{j+1} 未加工完成，那么在工作站 P_1 等待，直到工件 J_{j+1} 加工完成，从工作站 P_1 卸下工件 J_{j+1}，并且移动到工作站 P_2，将工件 J_{j+1} 装入工作站 P_2。图 5-2 展示了机器人运行顺序 S_2。

假设 φ 是工件顺序 $\{1, 2, \cdots, n\}$ 的一个置换，$J_{\varphi(i)}$ 表示工件在第 i 个位置被调度。此外，假设 $T_{\varphi(i)\varphi(i+1)}^{\gamma}$ 表示依据机器人运行顺序 $S_{\gamma}(\gamma = 1, 2)$ 将工件 $J_{\varphi(i)}$

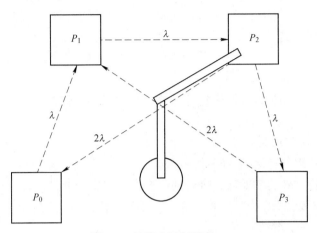

图 5-2 机器人运行顺序 S_2

装载到工作站 P_2 到将工件 $J_{\varphi(i+1)}$ 装载到工作站 P_2 之间的时间间隔。Fazel Zarandi 等人[26]给出 $T^{\gamma}_{\varphi(i)\varphi(i+1)}$($\gamma = 1$, 2）的计算公式分别为式（5-1）和式（5-2）。

$$T^1_{\varphi(i)\varphi(i+1)} = 6\lambda + \varepsilon^0_{\varphi(i+1)} + \varepsilon^{1,1}_{\varphi(i),\varphi(i+1)} + \varepsilon^{1,2}_{\varphi(i+1)} + \varepsilon^{2,1}_{\varphi(i),\varphi(i+1)} +$$
$$\varepsilon^{2,2}_{\varphi(i)} + \varepsilon^3_{\varphi(i)} + a_{1,\varphi(i+1)} + a_{2,\varphi(i)} \tag{5-1}$$

$$T^2_{\varphi(i)\varphi(i+1)} = 8\lambda + \varepsilon^0_{\varphi(i+1)} + \varepsilon^{1,1}_{\varphi(i),\varphi(i+1)} + \varepsilon^{1,2}_{\varphi(i+1)} + \varepsilon^{2,1}_{\varphi(i),\varphi(i+1)} +$$
$$\varepsilon^{2,2}_{\varphi(i)} + \varepsilon^3_{\varphi(i)} + w^1_{\varphi(i+1)} + w^2_{\varphi(i)} \tag{5-2}$$

式（5-2）中，$w^1_{\varphi(i+1)}$ 和 $w^2_{\varphi(i)}$ 表示等待时间，计算公式分别为式（5-3）和式（5-4）。

$$w^2_{\varphi(i)} = \max\{0, \ a_{2,\varphi(i)} - 4\lambda - \varepsilon^0_{\varphi(i+1)} - \varepsilon^{1,1}_{\varphi(i),\varphi(i+1)}\} \tag{5-3}$$

$$w^1_{\varphi(i+1)} = \max\{0, \ a_{1,\varphi(i+1)} - w^2_{\varphi(i)} - 4\lambda - \varepsilon^3_{\varphi(i)} - \varepsilon^{2,2}_{\varphi(i),\varphi(i+1)}\} \tag{5-4}$$

如果 $a_{\varphi(i+1),1} + a_{\varphi(i),2} < 2\lambda$，式（5-1）被采用；否则，式（5-2）被采用。制造周期可以表示为式（5-5）。式（5-5）中，$\varphi(n+1)$ 表示接下来最小工件集中的 $\varphi(1)$。

$$T = \sum_{i=1}^{n} \min(T^1_{\varphi(i),\varphi(i+1)}, \ T^2_{\varphi(i),\varphi(i+1)}) \tag{5-5}$$

5.3 新变邻域搜索算法

变邻域搜索（Variable Neighborhood Search，VNS）自 1997 年被 Hansen 等人[185]提出以来，由于实现简单，无需参数，且能跳出局部最优解，吸引了众多学者关注。变邻域搜索算法已成功应用于求解各种组合优化问题，如网络设计[186]、旅行商问题[187]、车辆路径问题[188]，展现了良好的竞争优势。变邻域搜索算法是一种改进的局部搜索算法，通过不停搜索当前最好解的邻域更新当前最好解。变邻域搜索算法通过变换邻域结构，增大搜索范围，提高搜索质量。基本变邻域搜索算法步骤如下：

步骤 1：生成初始解 x，构建邻域结构集 $NE_k(k = 1, 2, \cdots, k_{\max})$ 和终止条件。

步骤 2：p 从 1 取到 $k_{\max}$。

步骤 3：利用邻域结构 NE_p 生成解 x'。

步骤 4：将 x' 作为初始解，进行局部搜索，得到局部最优解 x''。

步骤 5：如果 x'' 优于当前最好解 x，则用 x'' 替代 x，然后令 $p = 1$ 继续搜索；否则，令 $p = p + 1$ 继续搜索。

步骤 6：如果终止条件满足，结束算法，输出近似最优解；否则，继续。

5.3.1 编码

编码问题是新变邻域搜索算法首先要解决的问题。由于考虑转换时间两工作站混流生产机器人制造单元调度问题是一类特殊的流水车间调度问题，因此新变邻域搜索算法以工件序列的自然数编码，即 $X = (\varphi(1), \varphi(2), \cdots, \varphi(n))$ 表示问题的一个解。

5.3.2 初始解构建

初始解越好，越容易在短时间内搜索到好的近似最优解，探寻好的初始解构建方法成为关键。构建初始解的规则很多，比如减小关键路径长度的 MM 算法[157]、优化工件阻塞时间算法[189]、最小化工件在机器上的阻塞时间与机器空闲时间之和算法[190] 和带权重的 PF（Weighted Profile Fitting，WPF）算法[191] 等。由于计算阻塞时间和机器空闲时间比较难，故采用减小关键路径长度的 MM 算法设计新变邻域搜索算法的初始解。

MM 算法以阻塞流水车间调度问题为背景设计，不涉及机器转换时间和机器人运行时间，只考虑工件加工时间。本章研究考虑转换时间混流生产机器人制造单元调度问题，不仅具有流水车间性质，而且还涉及机器转换时间和机器人运行时间，因此需要对 MM 算法进行改进才能适应本章研究问题。如何将工件加工时间、机器转换时间和机器人运行时间融合进 MM 算法是接下来阐述重点，也是本章创新点之一。由于机器人在相邻工作站之间的装载和卸载以及运行，相当于在相邻工作站之间多了一个设备，为了不增加问题难度，本书考虑将同一个工作站上工件的装载时间、卸载时间和机器人在相邻工作站有载运行时间，都假设为工件在当前工作站的加工时间，具体计算方式见式（5-6）和式（5-7）。式（5-6）和式（5-7）不但保留了 MM 算法形式，而且将装载时间、卸载时间、机器人在相邻工作站有载运行时间以及工件加工时间进行了有机融合，本书将这种 MM 算法命名为改进的 MM(Improve MM，IMM) 算法。定义 $b_{i,j}(j \in \Theta, i = 1, 2)$ 为工件 J_j 在工作站 P_i 改进后的加工时间。

$$b_{1,j} = a_{1,j} + \varepsilon_j^0 + \lambda + \varepsilon_{(j-1),j}^{1,1} \tag{5-6}$$

$$b_{2,j} = a_{2,j} + \varepsilon_j^{1,2} + \lambda + \varepsilon_{(j-1),j}^{2,1} \tag{5-7}$$

综合上述分析，改进的 MM 算法步骤如下：

步骤 1：令 $U = \{1, 2, \cdots, n\}$ 为包含所有工件序号的集合，依据 Johnson 规则，首先选择在工作站 P_1 加工时间最短工件作为工件加工顺序 X 中第一个工件 $X(1)$；然后在余下工件中选择在工作站 P_2 加工时间最短工件作为工件加工顺序 X 中最后一个工件 $X(n)$。

步骤 2：令 $k = 2$，$U = U - \{X(1), X(n)\}$。

步骤 3：对 U 中每个工件 h，利用式（5-8）计算索引值 f_h。

$$f_h = \zeta |b_{1,h} - a_{2,X(k-1)}| + (1 - \zeta)(b_{1,h} + b_{2,h}) \tag{5-8}$$

选择最小 f_h 值对应工件作为 $X(k)$；令 $U = U - \{X(k)\}$，ζ 在 0 到 1 之间取值。

步骤 4：令 $k = k + 1$，若 $U \neq \phi$，则转向步骤 3；否则，输出工件加工顺序 X。

5.3.3 邻域结构

邻域结构是设计新变邻域搜索算法的关键，好的邻域结构，有利于算法尽快收敛到近似最优解，避免陷入局部最优解。邻域结构的设计方式很多，但主要有两大类：一类是完全随机法，比如随机插入、随机交换等；一类是利用启发式规则设计，比如 NEH 规则[76] 或 NEH_WPT 规则[192]。本章研究周期调度，故工件加工顺序 $X_1 = (1, 2, 3, 4, 5, 6, 7)$ 与工件加工顺序 $X_2 = (4, 5, 6, 7, 1, 2, 3)$ 是一样的；另外，周期调度的启发式规则研究不多。基于这两个原因，本章利用完全随机法构建了两个邻域结构，分别为 $N_0(x)$ 和 $N_1(x)$，以下为具体实现方式。

邻域结构 $N_0(x)$：随机选取工件加工顺序中两不同位置分别为位置 a 和位置 b，将位置 b 对应工件插入位置 a，其他工件相对位置不变。如图 5-3 所示，工件加工顺序 X 由 7 个工件组成，位置 a 和位置 b 分别为 2 和 5，将位置 b 对应工件 4 插入位置 a，得到工件加工顺序 X'。

图 5-3　邻域结构 $N_0(x)$ 实现过程

邻域结构 $N_1(x)$：随机选取工件加工顺序中两不同位置分别为位置 a 和位置 b，将位置 b 对应工件与位置 a 对应工件交换，其他工件位置不变。如图 5-4 所示，工件加工顺序 X 由 7 个工件组成，位置 a 和位置 b 分别为 2 和 5，将位置 b 对应工件 4 与位置 a 对应工件 2 交换，得到工件加工顺序 X'。

$$
\begin{array}{|c|c|c|c|c|c|c|c|}
\hline
X & 1 & 2 & 5 & 3 & 4 & 6 & 7 \\
\hline
\end{array}
\qquad
\begin{array}{|c|c|c|c|c|c|c|c|}
\hline
X' & 1 & 4 & 5 & 3 & 2 & 6 & 7 \\
\hline
\end{array}
$$

图 5-4　邻域结构 $N_1(x)$ 实现过程

5.4　参数设置

变邻域搜索算法本身不涉及参数，但是在新变邻域搜索算法中，由于初始解利用改进的 MM 算法产生，涉及参数 ζ。ζ 的取值直接涉及近似最优解的好坏和算法收敛速度。虽然 Ronconi[157] 给出了 MM 算法中 ζ 的取值，但是不适合改进的 MM 算法。选择参数值时，不仅要考虑多次求解的平均值，还要考虑近似最优解的集中程度。本书利用 Fazel Zarandi 等人[26] 中算例 I 确定参数 ζ 的取值，且工件数设定为 200。对给定 ζ 值，算法运行 10 次，$\overline{T}$ 为目标函数值的均值，σ 为 10 个目标函数值的标准差，$r = \overline{T}/\sigma$ 表示在目标函数值变动不大的条件下，算法越稳定，r 值越大，表示参数值 ζ 被选中的机会越大。图 5-5 展示了 ζ 值与 r 值之间的关系，可知 ζ 取值为 0.45。

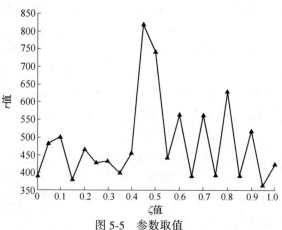

图 5-5　参数取值

5.5 算例仿真

为了展示新变邻域搜索算法效果，本书还设计了以改进的 MM 算法产生初始解的模拟退火算法，称为改进的模拟退火算法，记为 ISA。改进的模拟退火算法的参数选取与 Fazel Zarandi 等人[26]提出的模拟退火（SA）算法一致。将算法新变邻域搜索、改进的模拟退火算法与 Fazel Zarandi 等人[26]提出的模拟退火算法、优化软件 CPLEX12.5 相比较，验证其有效性。算法新变邻域搜索、改进的模拟退火算法、模拟退火算法用 C++语言编程，同优化软件 CPLEX12.5 在 CPU 为 Intel(R) Pentium(R) CPU G2020，内存为 4G 的环境下运行。记录时间为 CPU 时间，单位为秒（s）。终止条件为检查 375000 个解。优化软件 CPLEX12.5 运行时间上限设为 3600s，其他参数都为系统默认。其中，模拟退火算法的实现步骤详见参考文献［26］，改进的模拟退火算法的初始解由改进的 IMM 算法生成，其他步骤与模拟退火算法一致。算例采用 Fazel Zarandi 等人[26]提供的检验模拟退火算法的算例生成方式，基本信息见表 5-1。

表 5-1 算例参数取值

数据类型	$a_{i,j}$ 取值范围	ε_j^0、ε_j^3、$\varepsilon_{i,j}^{m,1}$、$\varepsilon_{i,j}^{m,2}$ 取值范围	λ 取值
算例Ⅰ	(1, 30)	(1, 20)	15
算例Ⅱ	(1, 100)	(1, 30)	50
算例Ⅲ	(5, 200)	(5, 50)	15

5.5.1 目标函数值比较

本书提出算法分别与优化软件 CPLEX12.5、Fazel Zarandi 等人[26]提出的模拟退火算法计算结果相比较，验证算法有效性。模拟退火算法、改进的模拟退火算法和新变邻域搜索算法分别对每个算例独立运行 10 次，其平均目标函数值分别记为 T_{SA}、T_I 和 T_N。

表 5-2 展示了改进的模拟退火算法、新变邻域搜索算法与优化软件 CPLEX12.5 计算的目标函数值比较。优化软件 CPLEX12.5 计算的目标函数值记为 T，GAP 为上下限的距离；GAP_1、GAP_N 分别为改进的模拟退火算法和新变邻域搜索与优化软件 CPLEX12.5 的距离，值越大，算法效果越差，由式 $GAP_l = [(T_l - T)/T] \times 100\%(l = I, N)$ 计算。AVG 表示 GAP 均值。

表 5-2 算法 NVNS 与 ISA 相对于 CPLEX 的距离

工件数 /个	算例 I				算例 II				算例 III			
	制造周期	GAP /%	GAP_1 /%	GAP_N /%	制造周期	GAP /%	GAP_1 /%	GAP_N /%	制造周期	GAP /%	GAP_1 /%	GAP_N /%
5	822	0	1.20	1.19	2368	0	0.76	0.71	1457	0	2.04	1.78
10	1703	0	4.75	3.48	4690	0	2.23	2.29	3083	0	2.12	1.95
15	2536	0	6.65	6.04	7052	0	3.15	2.68	4385	0	7.14	5.82
20	3242	0	7.05	6.47	9170	0	3.54	3.07	5556	0	5.62	5.34
40	6448	0	8.08	8.05	17808	0	4.76	4.42	10950	0.30	12.57	11.27
60	9596	0	9.44	8.62	26334	0.01	4.86	4.54	16946	0.10	10.40	9.53
80	12792	0	8.97	8.37	35334	0	5.08	4.87	21502	0.05	12.52	11.81
100	15987	0.26	9.73	9.00	44097	0	4.99	4.68	27128	0.02	12.27	11.64
115	18418	0	9.94	8.92	51769	0	5.63	5.15	31484	0.52	12.73	11.92
130	20742	0.18	9.80	8.68	57695	0.29	5.39	4.99	35529	0.09	12.85	11.66
145	23174	0.48	9.74	8.86	64430	0.21	5.35	4.84	39342	0.54	13.56	12.22
160	25670	37.25	9.91	8.83	71625	13.10	5.32	4.85	43671	14.81	12.32	11.39
175	28326	40.47	9.58	8.43	78421	43.54	4.78	4.19	48151	25.93	12.28	11.26
190	30221	41.17	10.21	8.77	85413	44.09	4.88	4.45	52692	28	11.47	10.74
200	32118	41.97	9.33	8.26	88526	44.25	5.24	4.74	54141	29.47	12.71	11.23
均值			8.29	7.47			4.40	4.03			10.17	9.30

总体看来，每类数据，随着工件数增加，距离变大；当工件数大于 20 时，相对优化软件 CPLEX12.5 距离变化不大，证明新变邻域搜索算法具有较好稳定性。新变邻域搜索算法与优化软件 CPLEX12.5 计算结果比较，最大平均差距为 9.30%；最小平均差距为 4.03%；而改进的模拟退火算法与优化软件 CPLEX12.5 计算结果比较，最大平均差距为 10.17%；最小平均差距为 4.40%。由于优化软件 CPLEX12.5 与改进的模拟退火算法和新变邻域搜索算法的终止条件不一样，故就目标函数值分析，优化软件 CPLEX12.5 与改进的模拟退火算法和新变邻域搜索不具有可比性，本章仅作为改进的模拟退火算法和新变邻域搜索算法的比较基础，新变邻域搜索算法优于改进的模拟退火算法。就每个具体算例分析，新变邻域搜索算法也优于改进的模拟退火算法，验证了新变邻域搜索算法寻优能力强于改进的模拟退火算法。

图 5-6~图 5-8 展示新变邻域搜索算法、改进的模拟退火算法计算三种类型数据相对模拟退火算法的改进效果。IR_1、IR_N 分别为改进的模拟退火算法和新变邻

域搜索算法相对于模拟退火算法的改进值，计算公式是 $IR_i = T_{SA} - T_i(i = I, N)$。改进值越大，算法效果越好；改进值越小，算法效果越差。从图 5-6~图 5-8 可以发现，随工件数增多，改进的模拟退火算法和新变邻域搜索算法相对于模拟退火算法的改进程度变大，证明了改进的模拟退火算法和新变邻域搜索算法优于模拟退火算法，验证了以改进的 MM 算法产生初始解进行算法设计的有效性。

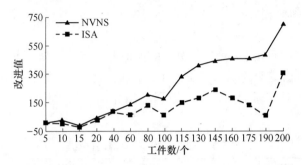

图 5-6　算例 I 时，算法 NVNS、ISA 与算法 SA 的改进值比较

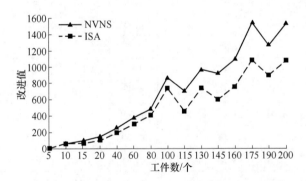

图 5-7　算例 II 时，算法 NVNS、ISA 与算法 SA 的改进值比较

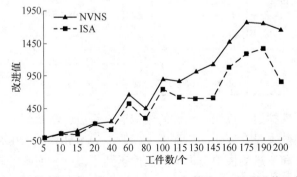

图 5-8　算例 III 时，算法 NVNS、ISA 与算法 SA 的改进值比较

改进的模拟退火算法和新变邻域搜索算法比较，当工件数增加时，改进的模拟退火算法和新变邻域搜索算法两条曲线之间的距离变大。从图 5-6~图 5-8 可以发现，新变邻域搜索算法的曲线位于改进的模拟退火算法曲线上方，验证了新变邻域搜索算法寻优能力强于改进的模拟退火算法。

5.5.2 计算时间比较

表 5-3 展示了模拟退火算法、改进的模拟退火算法、新变邻域搜索算法分别计算三种类型数据花费的时间。随工件数增加，运行时间也不断增长，最长时间也仅为 67.86s。对相同工件数不同数据类型算例，三种算法的计算时间基本无差别。

表 5-3 三种类型数据计算时间比较

工件数 /个	算例 I /s			算例 II /s			算例 III /s		
	SA	NVNS	ISA	SA	NVNS	ISA	SA	NVNS	ISA
5	2.34	2.28	2.46	2.54	2.29	2.32	2.36	2.38	2.40
10	2.50	2.45	2.66	2.63	2.45	2.49	2.55	2.53	2.55
15	2.76	2.77	2.95	2.79	2.72	2.76	2.80	2.81	2.83
20	3.02	3.06	3.40	3.04	3.02	3.07	3.16	2.99	3.04
40	5.18	5.28	5.71	5.10	5.09	5.10	5.39	5.22	5.27
60	8.48	8.64	9.23	8.28	8.39	8.41	8.79	8.67	8.71
80	13.04	13.22	14.08	12.98	13.00	13.05	13.53	13.36	13.40
100	19.40	19.24	19.34	18.85	18.88	18.94	19.53	19.34	19.38
115	24.16	24.13	24.17	24.26	24.21	24.11	24.74	25.05	24.75
130	30.04	30.05	30.10	30.06	30.10	29.97	30.73	31.13	30.97
145	36.72	36.58	36.61	36.60	36.68	36.61	37.43	37.94	37.48
160	43.95	44.33	43.96	44.02	44.11	43.98	44.80	45.38	44.82
175	51.99	52.27	52.12	52.00	52.06	51.98	52.84	53.50	52.87
190	60.50	60.50	60.74	60.64	60.76	60.64	61.58	62.38	61.66
200	66.91	66.84	66.88	66.65	66.75	66.70	67.77	67.87	67.86

综上所述，模拟退火算法、改进的模拟退火算法、新变邻域搜索算法三种算法，在计算时间基本没有变化的前提下，以改进的 MM 算法产生初始解设计的新变邻域搜索算法和改进的模拟退火算法能搜索到更好解，而新变邻域搜索算法又优于改进的模拟退火算法。

5.5.3　算法收敛性

图 5-9~图 5-11 展示了工件数为 200 时，改进的模拟退火算法、模拟退火算法与新变邻域搜索算法的收敛性。从图形上看，新变邻域搜索算法与模拟退火算

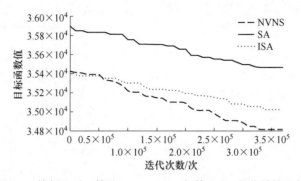

图 5-9　算例 I 时，算法 NVNS、ISA 与算法 SA 的收敛性比较

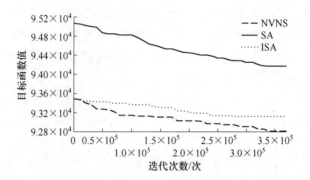

图 5-10　算例 II 时，算法 NVNS、ISA 与算法 SA 的收敛性比较

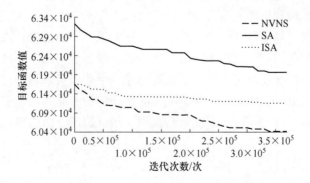

图 5-11　算例 III 时，算法 NVNS、ISA 与算法 SA 的收敛性比较

法收敛速度差不多，但由于其初值较小，因此能搜索到更好解；改进的模拟退火算法比模拟退火算法收敛速度慢，但由于初值较小，也能搜索到更好解。因此，证明了改进 MM 算法的有效性。新变邻域搜索算法与改进的模拟退火算法具有相同初值，但新变邻域搜索算法比改进的模拟退火算法收敛速度快，证明了新变邻域搜索算法的寻优能力强于改进的模拟退火算法。

综合以上分析，新变邻域搜索算法、改进的模拟退火算法相对于模拟退火算法具有较快的收敛速度和较高的搜索质量。就新变邻域搜索算法和改进的模拟退火算法分析，新变邻域搜索算法的改进率高于改进的模拟退火算法，且收敛速度快于改进的模拟退火算法；证明了同等条件下，新变邻域搜索算法具有更强的寻优能力，也证明了新变邻域搜索算法的有效性。

5.6　本章小结

本章设计了新变邻域搜索算法求解考虑转换时间两工作站混流生产机器人制造单元调度问题。通过构建改进的 MM 算法生成新变邻域搜索算法初始解，设计了两个邻域结构进行变邻域搜索。将新变邻域搜索算法与改进的模拟退火算法和模拟退火算法进行了比较，通过计算随机生成的算例可以发现，新变邻域搜索算法具有较快的收敛速度和较高的搜索质量。

Fazel Zarandi 等人[26]通过枚举机器人运行顺序的方式构建了考虑转换时间两工作站混流生产机器人制造单元调度问题的数学模型，并证明了该问题是 NP 难的。因此，考虑转换时间混流生产机器人制造单元调度问题也是 NP 难的，下一步将研究考虑转换时间混流生产机器人制造单元调度问题建模方法和技巧，构建该问题优化方法。

本章研究了考虑转换时间混流生产机器人制造单元调度问题优化方法，通过优化晶圆加工顺序和机器人运行顺序，缩短晶圆在机器人制造单元停留时间，从而缩短制造周期，降低晶圆生产过程中对水、电等资源消耗量，减少污染物排放量；缩短晶圆制造周期，提高单位时间内晶圆产量。从资源消耗量和单个晶圆制造时间两个方面降低晶圆制造成本，缓解半导体企业经营难题，提升半导体企业竞争实力。应用上述优化方法，为解决我国半导体企业晶圆加工过程中采用混流生产方式，考虑转换时间影响调度策略提供了运营管理方面的理论支撑。

6 结 论

　　本书研究了混流生产机器人制造单元调度优化方法。由于机器人制造单元调度问题的复杂性，本书首先对混流生产机器人制造单元调度问题进行了描述；其次，对混流生产机器人制造单元调度问题进行了分类，界定了本书的研究对象和研究问题；最后，回顾了混流生产机器人制造单元调度问题优化方法的研究与发展。

　　混流生产机器人制造单元调度问题涉及工件加工顺序和机器人运行顺序，这两个排序相互关联，无论先优化哪个顺序，都只能得到局部最优解。为此很多研究者在研究该问题时都以加工单类型工件为前提，将双排序问题变为单排序问题，降低了问题难度。虽然这样的假设具有合理性，而且也符合实际需求，但是随着技术进步和市场向小批量、多品种需求转变，混流生产机器人制造单元调度问题越来越受到重视。针对混流生产机器人制造单元调度问题，一部分研究者已经做了有效探索研究。这些成果从问题规模上分为两类，一类是小规模问题，即工作站数为两个或三个，或者工件数为两类情形；一类是特殊情形的大规模问题。由于工件加工顺序和机器人运行顺序关联性太强，所以从求解技术上，基本都是固定一个顺序优化另一个顺序；求解方法上，以精确算法和启发式方法为主，少有进化算法涉及；理论研究上缺乏对混流生产机器人制造单元可行解性质研究。针对以上研究不足，本书进行了以下内容研究。

　　针对三工作站混流生产机器人制造单元调度问题，提出了改进的化学反应优化算法和基于局部搜索的化学反应优化算法。改进的化学反应优化算法中，虽然是以工件的随机排序作为初始种群，但是设计了顺序插入方法，构建了机器人运行顺序和工件加工顺序之间的联系，解决了工件加工顺序和机器人运行顺序之间难以分开的难题，并同时引入了化学反应优化算法求解该问题。改进的化学反应优化算法仅仅在初始种群的生成方面进行了改进，容易陷入局部最优解；另外，改进的化学反应优化算法涉及的参数较多，没有进行参数讨论。针对以上两个不足，提出了基于局部搜索的化学反应优化算法。基于局部搜索的化学反应优化算法的特点主要是：（1）利用正交试验进行了参数选择，更容易搜索到高质量近似最优解；（2）利用流水车间调度问题中的 MM 算法，构建了紧后工件阻塞时间最小化交换，进行局部搜索，避免了算法早熟，改进了改进的化学反应优化算

法求解结果。

第4章研究了多工作站混流生产机器人制造单元调度问题优化方法。当工作站数为3时，可以通过枚举机器人运行顺序的方式建立数学模型或设计求解算法，但对于更复杂情形，利用该方法基本不可能。针对该难题，本章首先给出了机器人活动的概念，将机器人运行顺序和工件加工顺序合二为一，也将两个排序转化为单排序，降低了问题难度。其次，通过模型分析和借鉴加工单类型工件机器人制造单元调度问题的结论，发现了多工作站混流生产机器人制造单元调度问题可行解性质，为算法设计做好理论准备。第三，设计了随机修复方法和启发式规则法生成遗传算法的初始种群，分析了随机修复方法具有优势的原因。第四，提出了构建可行解的可行机器人活动插入方法，以可行机器人活动插入方法为基础，设计了双层过滤变宽度束搜索算法。最后，设计了有效化学反应优化算法求解多工作站混流生产机器人制造单元调度问题。有效化学反应优化算法利用可行机器人活动插入方法，提出了初始化有效化学反应优化算法的插入机器人活动顺序方法，相对于随机修复方法，插入机器人活动顺序方法能够有效提高初始解的质量；利用可行解性质构建了有效化学反应优化算法的基本反应，提出了改进的锦标赛选择进行了选择操作。就本书算例表明，双层过滤变宽度束搜索算法优于分支定界算法，有效化学反应优化算法优于双层过滤变宽度束搜索算法。

第5章研究了考虑转换时间两工作站混流生产机器人制造单元调度优化。由于混流生产机器人制造单元调度问题涉及不同类型工件加工，加工不同类型工件时涉及工作站的校正、加工方式的转换，这与加工单类型工件假设在相邻工作站之间机器人运行时间是常数矛盾。本章提出了优化考虑转换时间两工作站混流生产机器人制造单元调度问题的新变邻域搜索算法，该算法主要创新点是：以MM算法为基础，设计了改进的IMM算法生成新变邻域搜索算法的初始解，利用随机插入和随机交换进行变邻域搜索。仿真结果表明，新变邻域搜索算法能够以较快的速度收敛到较好近似最优解。

机器人制造单元是一种先进生产系统，被越来越多的企业采用，因此机器人制造单元调度问题也就越来越受到重视。随着科技进步，越来越多种类的机器人制造单元被设计和开发。针对混流生产机器人制造单元调度问题，作者未来研究主要集中于以下几个方面：

（1）研究混流生产复杂机器人制造单元调度问题。复杂机器人制造单元主要指具有重入性质、多机器人或具有平行工作站的机器人制造单元。复杂机器人制造单元调度问题主要针对加工多类型工件进行。在借鉴加工单类型工件复杂机器人制造单元调度问题基础上，深入探讨加工多类型工件复杂机器人制造单元调度问题的可行解性质、编码方式等，提出构建可行解的条件或方法。

（2）探讨求解混流生产机器人制造单元调度问题方法。机器人制造单元调度问题是 NP 难问题，求解 NP 难问题的方法除了精确算法、启发式方法外，主要以元启发式算法居多。对于混流生产机器人制造单元调度问题，既要重视精确算法和启发式方法的设计，更要重视元启发式算法构建。近年来，新的元启发式算法不断涌现，但这些元启发式算法仅是一个算法框架，需要依据不同问题，设计不同操作算子。因此，探讨适合求解混流生产机器人制造单元调度问题的操作算子就成为研究的重点。

（3）探索优化混流生产机器人制造单元调度问题算法的应用。机器人制造单元调度问题的优化算法有很多，但能否将这些优化算法成功地应用于实际的运营管理是一个值得深入探讨和研究的问题。优化算法的应用研究不只是一个理论问题，还涉及技术问题和管理问题，不但要求提高生产能力，还需要考虑与其他系统的兼容问题。另外，本书研究的调度问题都是离线调度问题，在考虑实际应用时，需要考虑在线调度问题，这与离线调度问题既有联系也有区别，但在线调度问题更接近运营管理实际。

（4）探究优化多目标混流生产机器人制造单元调度问题方法。机器人制造单元调度问题来源于运营管理实践，在现实中很多运营管理问题由多个相互冲突的目标组成。例如，调度成本与收益，一般来讲，需要成本最小、收益最大。而目前有关机器人制造单元调度问题的研究还是以单目标为主，对多目标机器人制造单元调度问题的研究报道还不多。因此，为了使混流生产机器人制造单元调度问题研究更接近实际，对生产实践更有指导意义，多目标混流生产机器人制造单元调度问题是下一步研究方向。

（5）研究混流生产机器人制造单元绿色调度的模型与优化方法。集成电路产业半导体芯片生产中晶圆加工是一个高耗能、高污染行业，例如，在晶圆加工过程中的光刻、清洗和去胶等工序使用大量有机溶剂，导致挥发性有机化合物（Volatile Organic Compounds，VOCs）的产生和排放。据统计，每平方米集成电路产量约使用 87g 有机溶剂，挥发性有机化合物产生量较大，其中有组织排放的平均浓度为 $2.1mg/m^3$，无组织排放为 $0.78mg/m^3$，对环境造成极大污染[193]。依据上海市《集成电路晶圆制造单位产品能源消耗限额（DB 31/506—2020）》的标准，上海市晶圆制造能耗准入值为 $1.1kW \cdot h/cm^2$，而我国 2016 年集成电路产量为 $4.12 \times 10^8 m^2$ [193]，依据高标准低产能，我国 2016 年集成电路业耗能为 $4.12 \times 10^{12} kW \cdot h$，相当于 5.067 亿吨标准煤。因此，研究混流生产机器人制造单元绿色调度不仅符合企业降低成本的要求，而且符合国家节能减排的要求和适应"绿水青山就是金山银山"的绿色发展理念。目前针对混流生产机器人制造单元绿色调度的文献还不多[194]，因此研究混流生产机器人制造单元绿色调度是未来工作的重点。

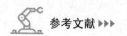

参 考 文 献

［1］Amraoui A, Elhafsi. An efficient new heuristic for the hoist scheduling problem ［J］. Computers & Operations Research, 2016, 67(3): 184~192.

［2］Yan P, Wang G, Che A, et al. Hybrid discrete differential evolution algorithm for biobjective cyclic hoist scheduling with reentrance ［J］. Computers & Operations Research, 2016, 76 (12): 155~166.

［3］Zhu Q, Zhou M, Qiao Y, et al. Scheduling transient processes for time-constrained single-arm robotic multi-cluster tools ［J］. IEEE Transactions on Semiconductor Manufacturing, 2017, 30 (3): 261~269.

［4］Kim D, Kim H, Lee T. Optimal scheduling for sequentially connected cluster tools with dual-armed robots and a single input and output module ［J］. International Journal of Production Research, 2017, 55 (11): 3092~3109.

［5］Yan P, Che A, Yang N, et al. A tabu search algorithm with solution space partition and repairing procedure for cyclic robotic cell scheduling problem ［J］. International Journal of Production Research, 2012, 50 (22): 6403~6418.

［6］Alcaide D, Chu C, Kats V, et al. Cyclic multiple-robot scheduling with time-window constraints using a critical path approach ［J］. European Journal of Operational Research, 2007, 177 (1): 147~162.

［7］Che A, Chu C. Cyclic hoist scheduling in large real-life electroplating lines ［J］. Operations Research Letters, 2007, 29 (3): 445~470.

［8］Asfahl C. Robots and Manufacturing Automation ［M］. John Wiley & Sons. New York, NY, 1985.

［9］Phillips L, Unger P. Mathematical programming solution of a hoist scheduling program ［J］. IIE Transactions, 1975, 8 (2): 219~225.

［10］Miller R. Robots in Industry: Applications for the Electronics Industry ［M］. SEAI Institute, New York, 1984.

［11］Mönch L, Fowler J, Dauzère-Pérès S, et al. A survey of problems, solution techniques, and future challenges in scheduling semiconductor manufacturing operations ［J］. Journal of Scheduling, 2011, 14 (6): 572~589.

［12］Kumar S, Ramanan N, Sriskandarajah C. Minimizing cycle time in large robotic cells ［J］. IIE Transactions, 2005, 37 (2): 123~136.

［13］Perkinson T, McLarty P, Gyurcsik R, et al. Single-wafer cluster tool performance: An analysis of throughput ［J］. IEEE Transactions on Semiconductor Manufacturing, 1994, 7 (3): 369~373.

［14］Perkinson T, Gyurcsik R, McLarty P. Single-wafer cluster tool performance: An analysis of the effects of redundant chambers and revisitation sequences on throughput ［J］. IEEE Transactions on Semiconductor Manufacturing, 1996, 9 (3): 384~400.

［15］ Venkatesh S, Davenport R, Foxhoven P, et al. A steady-state throughput analysis of cluster tools: Dual-blade versus single-blade robots ［J］. IEEE Transactions on Semiconductor Manufacturing, 1997, 10（4）: 418~424.

［16］ Wood S. Simple performance models for integrated processing tools ［J］. IEEE Transactions on Semiconductor Manufacturing, 1996, 9（3）: 320~328.

［17］ Su Q, Chen F. Optimal sequencing of double-gripper gantry robot moves in tightly-coupled serial production systems ［J］. IEEE Transactions on Robotics and Automation, 1996, 12（1）: 22~30.

［18］ 潘春荣, 伍乃骐, 黄学佳. 基于 eM-Plant 的参数化虚拟组合设备 ［J］. 系统工程理论与实践, 2012, 32（8）: 1831~1840.

［19］ Kim H, Lee J, Lee T. Noncyclic scheduling of cluster tools with a branch and bound algorithm ［J］. IEEE Transactions on Automation Science and Engineering, 2015, 12（2）: 690~700.

［20］ 朱清华, 伍乃骐, 滕少华. 多组合设备的调度控制研究综述 ［J］. 控制理论与应用, 2010, 27（10）: 1369~1375.

［21］ Shapiro G, Nuttle H. Hoist scheduling for a PCB electroplating facility ［J］. IIE Transactions, 1988, 20（2）: 156~166.

［22］ Liu J, Jiang Y. An efficient optimal solution to the two-hoist no-wait cyclic scheduling problem ［J］. Operations Research, 2005, 52（2）: 313~327.

［23］ Chtourou S, Manier M, Loukil T. A hybrid algorithm for the cyclic hoist scheduling problem with two transportation resources ［J］. Computers & Industrial Engineering, 2013, 65（3）: 426~437.

［24］ Che A, Feng J, Chen H, et al. Robust optimization for the cyclic hoist scheduling problem ［J］. European Journal of Operational Research, 2015, 240（3）: 627~636.

［25］ Hall N, Kamoun H, Sriskandarajah C. Scheduling in robotic cells: complexity and steady state analysis ［J］. European Journal of Operational Research, 1998, 109（1）: 43~65.

［26］ Fazel Zarandi M, Mosadegh H, Fattahi M. Two-machine robotic cell scheduling problem with sequence-dependent setup times ［J］. Computer & Operations Research, 2013, 40（5）: 1420~1434.

［27］ Lei L, Liu Q. Optimal cyclic scheduling of a robotic processing line with two-product and time-window constraints ［J］. INFOR, 2001, 39（2）: 185~199.

［28］ Amraoui A, Manier M, Moudni A, et al. A linear optimization approach to the heterogeneous r-cyclic hoist scheduling problem ［J］. Computers & Industrial Engineering, 2013, 65（3）: 360~369.

［29］ Dawande M, Geismar H, Sethi P, et al. Sequencing and scheduling in robotic cells: recent developments ［J］. Journal of Scheduling, 2005, 8（5）: 387~426.

［30］ Kats V, Levner E. Minimizing the number of vehicles in periodic scheduling: The non-Euclidean case ［J］. European Journal of Operational Research, 1998, 107（2）: 371~377.

［31］ Kats V, Levner E. A polynomial algorithm for 2-cyclic robotic scheduling: A non-Euclidean case

[J]. Discrete Applied Mathematics, 2009, 157 (2): 339~355.

[32] Feng J, Che A, Wang N. Bi-objective cyclic scheduling in a robotic cell with processing time windows and non-Euclidean travel times [J]. International Journal of Production Research, 2014, 52 (9): 2505~2518.

[33] Chen H, Chu C, Proth J M. Cyclic scheduling of a hoist with time window constraints [J]. IEEE Transactions on Robotics and Automation, 1998, 14 (1): 144~152.

[34] Wang Z, Zhou B, Trentesaux D, et al. Approximate optimal method for cyclic solutions in multi-robotic cell with processing time window [J]. Robotics and Autonomous Systems, 2017, 98: 307~316.

[35] Manier M A, Lamrous S. An evolutionary approach for the design and scheduling of electroplating facilities [J]. Journal of Mathematical Modelling and Algorithms, 2008, 7 (2): 197~215.

[36] Lei L, Wang T. Determining optimal cyclic hoist schedules in a single-hoist electroplating line [J]. IIE Transactions, 1994, 26 (2): 25~33.

[37] Zhou Z, Che A, Yan P. A mixed integer programming approach for multi-cyclic robotic flowshop scheduling with time window constraints [J]. Applied Mathematical Modelling, 2012, 36 (8): 3621~3629.

[38] Yih Y. An algorithm for hoist scheduling problem [J]. International Journal of Production Research, 1994, 32 (3): 501~516.

[39] Zhao C, Fu J, Xu Q. Production-ratio oriented optimization for multi-recipe material handling via simultaneous hoist scheduling and production line arrangement [J]. Computers & Chemical Engineering, 2013, 50: 28~38.

[40] Sun T, Lai K, Lam K, et al. A study of heuristics for bidirectional multi-hoist production scheduling systems [J]. International Journal of Production Economics, 1994, 33 (1 ~ 3): 201~214.

[41] Chauvet F, Levner E, Meyzin L K, et al. On-line scheduling in a surface treatment system [J]. European Journal of Operational Research, 2000, 120 (2): 382~392.

[42] Lamothe J, Correge M, Delmas J. Hoist scheduling problem in a real time context [C]// Cohen G, Quadrat J P. 11th International Conference on Analysis and Optimization of Systems Discrete Event Systems. Springer Berlin Heidelberg, 1994: 586~592.

[43] Yan P, Che A, Cai X, et al. Two-phase branch and bound algorithm for robotic cells rescheduling considering limited disturbance [J]. Computers & Operations Research, 2014, 50 (10): 128~140.

[44] Zhao C, Fu J, Xu Q. Real-time dynamic hoist scheduling for multistage material handling process under uncertainties [J]. American Institute of Chemical Engineers, 2013, 59 (2): 465~482.

[45] Leung J M Y, Zhang G, Yang X, et al. Optimal cyclic multi-hoist scheduling: A mixed integer programming approach [J]. Operations Research, 2004, 52 (6): 965~976.

［46］Che A, Chu C. Multi-degree cyclic scheduling of a no-wait robotic cell with multiple robots［J］. European Journal of Operational Research, 2009, 199（1）: 77~88.

［47］Che A, Zhou Z, Chu C, et al. Multi-degree cyclic hoist scheduling with time window constraints ［J］. International Journal of Production Research, 2011, 49（9）: 5679~5693.

［48］Li X, Fung R. A mixed integer linear programming solution for single hoist multi-degree cyclic scheduling with reentrance ［J］. Engineering Optimization, 2014, 46（5）: 704~723.

［49］Li X, Chan F, Chung S. Optimal multi-degree cyclic scheduling of multiple robots without overlapping in robotic flowshops with parallel machines ［J］. Journal of Manufacturing Systems, 2015, 36（3）: 62~75.

［50］Livshits E, Mikhailetsky Z, Chervyakov E. A scheduling problem in an automated flow time with an automated operator ［J］. Computational Mathematics and Computerized Systems, 1974（5）: 151~155（in Russian）.

［51］Lei L, Wang T. A proof: the cyclic hoist scheduling problem is NP-hard ［R］. Rutgers University, 1989.

［52］Sethi S, Sriskandarajah C, Sorer G, et al. Sequencing of parts and robots moves in a robotic cell ［J］. Flexible Services and Manufacturing Journal, 1992, 4（3~4）: 331~358.

［53］Logendran R, Sriskandarajah C. Sequencing of robot activities and parts in two-machine robotic cells ［J］. International Journal of Production Research, 1996, 34（12）: 34~47.

［54］Hall N, Kamoun H, Sriskandarajah C. Scheduling in robotic cells: classification, two and three machine cells ［J］. Operations Research, 1997, 45（3）: 421~439.

［55］Crama Y. Combinatorial optimization models for production scheduling in automated manufacturing systems ［J］. European Journal of Operational Research, 1997, 99（1）: 136~152.

［56］Brauner N, Finke G. Cyclic scheduling in a robotic flowshop ［C］//Proceedings IEPM'97, International Conference on Industrial Engineering and Production Management. Lyon, France, 1997, 1: 439~449.

［57］Brauner N, Finke G. On a conjecture in robotic cells: new simplified proof for the three-machine case ［J］. INFOR, 1999, 37（1）: 20~36.

［58］Brauner N, Finke G. Cycles and permutation in robotic cells ［J］. Mathematical and Computer Modelling, 2001, 34（5~6）: 565~591.

［59］Brauner N, Finke G. Optimal moves of the material handling system in a robotic cell ［J］. International Journal of Production Economics, 2001, 74（1）: 269~277.

［60］Brauner N, Finke G. Robotic cells: configurations, conjectures and cycle function ［C］// Operations Research Proceedings 2005, 2005: 721~726.

［61］Brauner N. Identical part production in cyclic robotic cells: Concepts, overview and open questions ［J］. Discrete Applied Mathematics, 2008, 156（13）: 2480~2492.

［62］Yildiz S, Karasan O, Akturk M. An analysis of cyclic scheduling problems in robot centered cells ［J］. Computers & Operations Research, 2012, 39（6）: 1290~1299.

［63］Geismar H, Dawande M, Sriskandarajah C. Approximation algorithms for k-unit cyclic solutions in robotic cells [J]. European Journal of Operational Research, 2005, 162 (2): 291~309.

[64] Elmi A, Topaloglu S. Multi-degree cyclic flow shop robotic cell scheduling problem: Ant colony optimization [J]. Computers & Operations Research, 2016, 73 (9): 67~83.

[65] Che A, Kats V, Levner E. An efficient bicriteria algorithm for stable robotic flow shop scheduling [J]. European Journal of Operational Research, 2017, 260 (3): 964~971.

[66] Crama Y, Kats V, Klundert J, et al. Cyclic scheduling in robotic flowshops [J]. Annals of Operations Research, 2000, 96 (1~4): 97~124.

[67] Gilmore P, Gomory R. Sequencing a one-state variable machine: a solvable case of the traveling salesman problem [J]. Operations Research, 1964, 12 (5): 655~679.

[68] Aneja Y P, Kamoun H. Scheduling of parts and robot activities in a two machine robotic cell [J]. Computer & Operations Research, 1999, 26: 197~312.

[69] Majumder A, Laha D. A new cuckoo search algorithm for 2-machine robotic cell scheduling problem with sequence-dependent setup times [J]. Swarm and Evolutionary Computation, 2016, 28 (3): 131~143.

[70] Majumder A, Laha D, Suganthan P N. Bacterial foraging optimization algorithm in robotic cells with sequence-dependent setup times [J]. Knowledge-Based Systems, 2019, 172: 104~122.

[71] Kamoun H, Hall N, Sriskandarajah C. Scheduling in robotic cells: heuristics and cell design [J]. Operational Research, 1999, 47 (6): 821~835.

[72] Hall N, Sriskandarajah C. A survey of machine scheduling problems with blocking and no-wait in process [J]. Operations Research, 1996, 44 (3): 510~525.

[73] Gendreau M, Hertz A, Laporte G. New insertion and postoptimization procedures for the traveling salesman problem [J]. Operations Research, 1992, 40 (6): 1086~1094.

[74] Zahrouni W, Kamoun H. Transforming part-sequencing problems in a robotic cell into a GTSP [J]. Journal of the Operational Research Society, 2011, 62 (1): 114~123.

[75] Zahrouni W, Kamoun H. Sequencing and scheduling in a three-machine robotic cell [J]. International Journal of Production Research, 2012, 50 (10): 2823~2835.

[76] Nawaz M, Enscore E, Ham I. A heuristic algorithm for the m-Machine, n-Job flow-shop sequencing problem [J]. Omega, 1983, 11 (1): 91~95.

[77] Sriskandarajah C, Hall N, Kamoun H. Scheduling large robotic cells without buffers [J]. Annals of Operations Research, 1998, 76 (0): 287~321.

[78] Chen H, Chu C, Proth J. Sequencing of parts in robotic cells [J]. International Journal of Flexible Manufacturing Systems, 1997, 9 (1): 80~104.

[79] Soukhal A, Martineau P. Resolution of a scheduling problem in a flow shop robotic cell [J]. European Journal of Operational Research, 2005, 160 (1): 61~71.

[80] Carlier J, Haouari M, Kharbeche M, et al. An optimization-based heuristic for the robotic cell problem [J]. European Journal of Operational Research, 2010, 202 (3): 626~635.

[81] Kharbeche M, Carlier J, Haouari M, et al. Exact method for the robotic cell problem [J]. Flexible Services and Manufacturing Journal, 2011, 23 (2): 242~261.

［82］Hyun D, Tae Y, Jin K. Automation of cell production system for cellular phones using dual-arm robots ［J］. The International Journal of Advanced Manufacturing Technology, 2016, 83（5~8）: 1349~1360.

［83］Gultekin H, Coban B, Akhlaghi V. Cyclic scheduling of parts and robot moves in m-machine robotic cells ［J］. Computers & Operations Research, 2018, 90（2）: 161~172.

［84］Wang H, Guan Z, Zhang C, et al. The printed-circuit-board electroplating parallel-tank scheduling with hoist and group constraints using a hybrid guided tabu search algorithm ［J］. IEEE Access, 2019, 7: 61363~61377.

［85］Ng W. A branch and bound algorithm for hoist scheduling of a circuit board production line ［J］. International Journal of Flexible Manufacturing Systems, 1996, 8（1）: 45~65.

［86］Yan P, Chu C, Yang N, et al. A branch and bound algorithm for optimal cyclic scheduling in a robotic cell with processing time windows ［J］. International Journal of Production Research, 2010, 48（21）: 6461~6480.

［87］Mateo M, Companys R. Hoist Scheduling in a chemical line to produce batches with identical sizes of different products ［C］//Sixth Conference on Modelisation and Simulation, Rabat, Morocco, 2006, 2006: 677~684.

［88］Amraoui A, Manier M, Moudni A, et al. A mixed linear program for a multi-part cyclic hoist scheduling problem ［J］. International Journal Science and Techniques of Automatic & Computer Engineering, 2008, 11: 612~623.

［89］Kats V, Lei L, Levner E. Minimizing the cycle time of multiple-product processing networks with a fixed operation sequence, setups, and time-window constraints ［J］. European Journal of Operational Research, 2008, 187（3）: 1196~1211.

［90］Lei W, Che A, Chu C. Optimal cyclic scheduling of a robotic flowshop with multiple part types and flexible processing times ［J］. European Journal of Industrial Engineering, 2014, 8（2）: 143~166.

［91］Amraoui A, Manier M, Moudni A, et al. A genetic algorithm approach for a single hoist scheduling problem with time windows constraints ［J］. Engineering Applications of Artificial Intelligence, 2013, 26（7）: 1761~1771.

［92］Hindi K, Fleszar K. A constraint propagation heuristic for the single-hoist, multiple-products scheduling problem ［J］. Computers & Industrial Engineering, 2004, 47（1）: 91~101.

［93］Paul H, Bierwirt H, Kopfer H. A heuristic scheduling procedure for multi-item hoist production lines ［J］. International Journal of Production Economics, 2007, 105（1）: 54~69.

［94］Yan P, Liu S, Sun T, et al. A dynamic scheduling approach for optimizing the material handling operations in a robotic cell ［J］. Computers & Operations Research, 2018, 99: 166~177.

［95］Yan P, Che A, Levner E, et al. A heuristic for inserting randomly arriving jobs into an existing hoist schedule ［J］. IEEE Transactions on Automation Science and Engineering, 2018, 15（3）: 1423~1430.

[96] Zhao C, Fu J, Xu Q. Real-time dynamic hoist scheduling for multistage material handling process under uncertainties [J]. American Institute of Chemical Engineers, 2012, 59 (2): 465~482.

[97] Levner E, Kats V, Levit V. An improved algorithm for cyclic flowshop scheduling in a robotic cell [J]. European Journal of Operational Research, 1997, 97 (3): 500~508.

[98] Kats V, Levner E, Meyzin L. Multiple-part cyclic hoist scheduling using a sieve method [J]. IEEE Transactions on Robotics and Automation, 1999, 15 (4): 704~713.

[99] Che A, Chu C, Chu F. Multicyclic hoist scheduling with constant processing times [J]. IEEE Transactions on Robotics and Automation, 2002, 18 (1): 69~80.

[100] Agnetis A. Scheduling no-wait robotic cells with two and three machines [J]. European Journal of Operational Research, 2000, 123 (2): 303~314.

[101] Agnetis A, Pacciarelli D. Part sequencing in three-machine no-wait robotic cells [J]. Operations Research Letters, 2000, 27 (4): 185~192.

[102] Song W, Zabinsky Z, Storch R. An algorithm for scheduling a chemical processing tank line [J]. Production Planning & Control, 1993, 4 (4): 323~332.

[103] Che A, Chu C, Levner E. A polynomial algorithm for 2-degree cyclic robot scheduling [J]. European Journal of Operational Research, 2003, 145 (1): 31~44.

[104] Che A, Yan P, Yang N, et al. Optimal cyclic scheduling of a hoist and multi-type parts with fixed processing times [J]. International Journal of Production Research, 2010, 48 (5): 1225~1243.

[105] Liu J, Jiang Y, Zhou Z. Cyclic scheduling of a single hoist in extended electroplating lines: a comprehensive integer programming solution [J]. IIE Transactions, 2002, 34 (10): 905~914.

[106] Kats V, Levner E. A strongly polynomial algorithm for no-wait cyclic robotic flowshop scheduling [J]. Operations Research Letters, 1997, 21 (4): 171~179.

[107] Che A, Chu C. A polynomial algorithm for no-wait cyclic hoist scheduling in an extended electroplating line [J]. Operations Research Letters, 2005, 33 (3): 274~284.

[108] Che A, Chabrol M, Gourgand M, et al. Scheduling multiple robots in a no-wait re-entrant robotic flowshop [J]. International Journal of Production Economics, 2012, 135 (1): 199~208.

[109] Nejad M G, Güden H, Vizvári B, et al. A mathematical model and simulated annealing algorithm for solving the cyclic scheduling problem of a flexible robotic cell [J]. Advances in Mechanical Engineering, 2018, 10 (1): 1~13.

[110] Nejad M G, Kovács G, Vizvári B, et al. An optimization model for cyclic scheduling problem in flexible robotic cells [J]. The International Journal of Advanced Manufacturing Technology, 2018, 95: 3863~3873.

[111] Nejad M G, Shavarani S M, Vizvári B, et al. Trade-off between process scheduling and production cost in cyclic flexible robotic cells [J]. The International Journal of Advanced Manu-

facturing Technology, 2018, 96: 1081~1091.

[112] Gundogdu E, Gultekin H. Scheduling in two-machine robotic cells with a self-buffered robot [J]. IIE Transactions, 2016, 48 (2): 170~191.

[113] Batur G D, Erol S, Karasan O E. Robot move sequence determining and multiple part-type scheduling in hybrid flexible flow shop robotic cells [J]. Computers & Industrial Engineering, 2016, 100: 72~87.

[114] Nejad M G, Güden H, Vizvári B. Time minimization in flexible robotic cells considering intermediate input buffers: a comparative study of three well-known problems [J]. International Journal of Computer Integrated Manufacturing, 2019, 32 (8): 809~819.

[115] Nejad M G, Shavarani S M, Güden H, et al. Process sequencing for a pick-and-place robot in a real-life flexible robotic cell [J]. The International Journal of Advanced Manufacturing Technology, 2019, 103 (9~12): 3613~3627.

[116] Liu S Q, Kozan E. A hybrid metaheuristic algorithm to optimise a real-world robotic cell [J]. Computers and Operations Research, 2017, 84: 188~194.

[117] Feng J, Che A, Chu C. Dynamic hoist scheduling problem with multi-capacity reentrant machines: A mixed integer programming approach [J]. Computers & Industrial Engineering, 2015, 87 (9): 611~620.

[118] Ng W. Determining the optimal number of duplicated process tanks in a single-hoist circuit board production line [J]. Computers & Industrial Engineering, 1995, 28 (4): 681~688.

[119] Elmi A, Topaloglu S. A scheduling problem in blocking hybrid flow shop robotic cells with multiple robots [J]. Computers & Operations Research, 2013, 40 (10): 2543~2555.

[120] Elmi A, Topaloglu S. Scheduling multiple parts in hybrid flow shop robotic cells served by a single robot [J]. International Journal of Computer Integrated Manufacturing, 2014, 27 (12): 1144~1159.

[121] Geismar H, Dawande M, Sriskandarajah C. Robotic cells with parallel machines: throughput maximization in constant travel-time cells [J]. Journal of Scheduling, 2004, 7 (5): 375~395.

[122] Geismar H, Dawande M, Sriskandarajah C. Throughput optimization in constant travel-time dual-gripper robotic cells with parallel machines [J]. Production and Operations Management, 2006, 15 (2): 311~328.

[123] Che A, Chu C. Optimal scheduling of material handling devices in a PCB production line: problem formulation and a polynomial algorithm [J]. Mathematical Problems in Engineering, 2008, 2008 (1): 1~21.

[124] Jiang Y, Liu J. Multihoist cyclic scheduling with fixed processing and transfer times [J]. IEEE Transactions on Automation Science and Engineering, 2007, 4 (3): 435~450.

[125] Leung J, Levner E. An efficient algorithm for multi-hoist cyclic scheduling with fixed processing times [J]. Operation Research Letters, 2006, 34 (4): 465~572.

[126] Kats V, Levner E. Minimizing the number of robots to meet a given cyclic schedule [J]. An-

nals of Operations Research, 1997, 69: 209~226.

[127] Kats V, Levner E. Cyclic scheduling in a robotic production line [J]. Journal of Scheduling, 2002, 5 (1): 23~41.

[128] Che A, Chu C. Multi-degree cyclic scheduling of two robots in a no-wait flowshop [J]. IEEE Transactions on Automation Science and Engineering, 2005, 2 (2): 173~183.

[129] Leung J, Zhang G. Optimal cyclic scheduling for printed circuit board production lines with multiple hoists and general processing sequence [J]. IEEE Transactions on Robotics and Automation, 2003, 19 (3): 480~484.

[130] Che A, Hu H, Chabrol M, et al. A polynomial algorithm for multi-robot 2-cyclic scheduling in a no-wait robotic cell [J]. Computers & Operations Research, 2011, 38 (9): 1275~1285.

[131] Lei L, Wang T. The minimum common-cycle algorithm for cyclic scheduling of two material handling hoists with time window constraints [J]. Management Science, 1991, 37 (12): 1629~1639.

[132] Lei L, Armstrong R, Gu S. Minimizing the fleet size with dependent time-window and single-track constraints [J]. Operations Research Letters, 1993, 14 (2): 91~98.

[133] Armstrong R, Gu S, Lei L. A greedy algorithm to determine the number of transporters in a cyclic electroplating process [J]. IIE Transactions, 1996, 28 (5): 347~355.

[134] Varnier C, Bachelu A, Baptiste P. Resolution of the cyclic multi-hoists scheduling problem with overlapping partitions [J]. INFOR, 1997, 35 (4): 309~324.

[135] Che A, Chu C. Single-track multi-hoist scheduling problem: a collision-free resolution based on a branch-and-bound approach [J]. International Journal of Production Research, 2004, 42 (12): 2435~2456.

[136] Zhou Z, Li L. A solution for cyclic scheduling of multi-hoists without overlapping [J]. Annals of Operations Research, 2009, 168 (1): 5~21.

[137] Jiang Y, Liu J. A new model and an efficient branch-and-bound solution for cyclic multi-hoist scheduling [J]. IIE Transactions, 2014, 46 (3): 249~262.

[138] Elmi A, Topaloglu S. Multi-degree cyclic flow shop robotic cell scheduling problem with multiple robots [J]. International Journal of Computer Integrated Manufacturing, 2017, 30 (8): 805~821.

[139] Li X, Fung R. Optimal multi-degree cyclic solution of multi-hoist scheduling without overlapping [J]. IEEE Transactions on Automation Science and Engineering, 2017, 14 (2): 1064~1074.

[140] Mao Y, Tang Q, Li Z, et al. Mixed-integer linear programming method for multi-degree and multi-hoist cyclic scheduling with time windows [J]. Engineering Optimization, 2018, 50 (11): 1978~1995.

[141] Che A, Lei W, Feng J, et al. An improved mixed integer programming approach for multi-hoist cyclic scheduling problem [J]. IEEE Transactions on Automation Science and Engineering, 2014, 11 (1): 301~309.

[142] 周支立, 李怀祖. 无重叠区的双抓钩周期性排序问题的求解 [J]. 运筹与管理, 2006, 15 (2): 1~7.

[143] 周支立, 汪应洛. 无重叠区的两抓钩周期性排序问题的一个搜索求解法 [J]. 系统工程, 2007, 25 (4): 104~109.

[144] Jung K S, Geismar H N, Pinedo M, et al. Throughput optimization in circular dual-gripper robotic cells [J]. Production and Operations Management, 2018, 27 (2): 285~303.

[145] Tonke D, Grunow M, Akkerman R. Robotic-cell scheduling with pick-up constraints and uncertain processing times [J]. IISE Transactions, 2019, 51 (11): 1217~1235.

[146] Sriskandarajah C, Shetty B. A review of recent theoretical development in scheduling dual-gripper robotic cells [J]. International Journal of Production Research, 2018, 56 (1~2): 817~847.

[147] Zhang Q, Manier H, Manier M. A genetic algorithm with tabu search procedure for flexible job shop scheduling with transportation constraints and bounded processing times [J]. Computers & Operations Research, 2012, 39 (7): 1713~1723.

[148] Zhang Q, Manier H, Manier M. A modified shifting bottleneck heuristic and disjunctive graph for job shop scheduling problems with transportation constraints [J]. International Journal of Production Research, 2014, 52 (4): 985~1002.

[149] Nouri H, Driss O, Ghedira K. Hybrid metaheuristics for scheduling of machines and transport robots in job shop environment [J]. Applied Intelligence, 2016, 45 (3): 808~828.

[150] Pan C, Zhou M, Qiao Y, et al. Scheduling cluster tools in semiconductor manufacturing: recent advances and challenges [J]. IEEE Transactions on Automation Science and Engineering, 2018, 15 (2): 586~601.

[151] 晏鹏宇, 车阿大, 唐小我. 基于加工时间分类视角的自动化生产系统调度综述 [J]. 计算机集成制造系统, 2012, 18 (2): 332~341.

[152] Lam A, Li V. Chemical-reaction-inspired metaheuristic for optimization [J]. IEEE Transactions Evolutionary Computation, 2010, 14 (3): 381~399.

[153] Lam A, Li V. Chemical Reaction Optimization: a tutorial [J]. Memetic Computing, 2012, 4 (1): 3~17.

[154] Xu J, Lam A, Li V. Chemical reaction optimization for the grid scheduling problem [C]// Proceeding of the IEEE International Conference on Communications. Hong Kong, China, May, 2010: 1~5.

[155] Reeves C. A genetic algorithm for flowshop sequencing [J]. Computers & Operations Research, 1995, 22 (1): 5~13.

[156] Merz P, Freisleben B. A genetic local search approach to the quadratic assignment problem [C]//Proc. 7th Int. Conf. Genetic Algorithms, T. Bäck, Ed. San Francisco, CA: Morgan Kaufmann, 1997: 465~472.

[157] Ronconi D. A note on construction heuristics for the flowshop problem with blocking [J]. International Journal of Production Economics, 2004, 87 (1): 39~48.

［158］ Li J, Pan Q. Chemical-reaction optimization for solving fuzzy job-shop scheduling problem with flexible maintenance activities ［J］. International Journal of Production Economics, 2013, 145 (1): 4~17.

［159］ Montgomery D. Design and analysis of experiments ［M］. Arizona: Wiley, 2005.

［160］ Core F, Tadei R, Volta G. A genetic algorithm for the job-shop problem ［J］. Computers & Operations Research, 1995, 22 (1): 15~24.

［161］ Lowerre B. The HARPY speech recognition system ［D］. Pittsburgh, Pa. , USA: Carnegie Mellon University, 1976.

［162］ Ow P, Morton T. Filtered beam search in scheduling ［J］. International Journal of Production Research, 1988, 26 (1): 35~62.

［163］ Sabuncuoglu I, Karabuk S. A beam search-based algorithm and evaluation of scheduling approaches for flexible manufacturing systems ［J］. IIE Transactions, 1998, 30 (2): 179~191.

［164］ Mario C V, Jairo M, Jairo R M. A beam search heuristic for scheduling a single machine with release dates and sequence dependent setup times to minimize the makespan ［J］. Computers & Operations Research, 2016, 73 (9): 132~140.

［165］ Birgin E, Ferreira J, Ronconi D. List scheduling and beam search methods for the flexible job shop scheduling problem with sequencing flexibility ［J］. European Journal of Operational Research, 2015, 247 (2): 421~440.

［166］ Birgin E G, Ferreira J E, Ronconi D P. A filtered beam search method for the m-machine permutation flowshop scheduling problem minimizing the earliness and tardiness penalties and the waiting time of the jobs ［J］. Computers & Operations Research, 2020, 114: 1~14.

［167］ Saleem I, Tilakaratne B P, Li Y, et al. Iterated-greedy-based algorithms with beam search initialization for the permutation flowshop to minimise total tardiness ［J］. Expert Systems with Applications, 2018, 94: 58~69.

［168］ Li X, Xing K. Iterative widen heuristic beam search algorithm for scheduling problem of flexible assembly systems ［J］. IEEE Transactions on Industrial Informatics, 2021. doi: 10.1109/TII. 2021.3049338.

［169］ Brucker P, Burke E, Groenemeyer S. A branch and bound algorithm for the cyclic job-shop problem with transportation ［J］. Computers & Operations Research, 2012, 39 (12): 3200~3214.

［170］ Saifullah K, Rafiqul I. Chemical reaction optimization for solving shortest common supersequence problem ［J］. Computational Biology and Chemistry, 2016, 64 (5): 82~93.

［171］ Duan H, Gan L. Elitist chemical reaction optimization for contour-based target recognition in aerial images ［J］. IEEE Transactions on Geoscience & Remote Sensing, 2015, 53 (5): 2845~2859.

［172］ Mogale D, Kumar S, Márquez F, et al. Bulk wheat transportation and storage problem of public distribution system ［J］. Computers & Industrial Engineering, 2017, 104 (2): 80~97.

[173] Truong T, Li K, Xu Y. Chemical reaction optimization with greedy strategy for the 0~1 knapsack problem [J]. Applied Soft Computing, 2013, 13 (4): 1774~1780.

[174] Li J, Pan Q, Wang F. A hybrid variable neighborhood search for solving the hybrid flow shop scheduling problem [J]. Applied Soft Computing, 2014, 24 (11): 63~77.

[175] Roy P. Hybrid chemical reaction optimization approach for combined economic emission short-term hydrothermal scheduling [J]. Electric Power Components and Systems 2014, 42 (15): 1647~1660.

[176] Marzouki B, Driss O. Multi agent model based on chemical reaction optimization for flexible job shop problem [J]. Computational Collective Intelligence, 2015, 9329: 29~38.

[177] Huang Y, Lee F. An automatic machine vision-guided grasping system for phalaenopsis tissue culture plantlets [J]. Computers and Electronics in Agriculture, 2010, 70 (1): 42~51.

[178] Monkman G, Hesse S, Steinmann R. Robot grippers [M]. Berlin: Wiley, 2007.

[179] Allahverdi A, Ng C, Cheng T, et al. A survey of scheduling problems with setup times or costs [J]. European Journal of Operational Research, 2008, 187 (3): 985~1032.

[180] Burger A, Jacobs C, Van Vuuren, et al. Scheduling multi-colour print jobs with sequence-dependent setup times [J]. Journal of Scheduling, 2015, 18 (2): 131~145.

[181] Allahverdi A. The third comprehensive survey on scheduling problems with setup times/costs [J]. European Journal of Operational Research, 2015, 246 (2): 345~378.

[182] Kramera A, Ioria M, Lacommeb P. Mathematical formulations for scheduling jobs on identical parallel machines with family setup times and total weighted completion time minimization [J]. European Journal of Operational Research, 2021, 289 (3): 825~840.

[183] Anjana V, Sridharan R, Ram Kumar P N. Metaheuristics for solving a multi-objective flow shop scheduling problem with sequence-dependent setup times [J]. Journal of Scheduling, 2020, 23 (1): 49~69.

[184] Zhao Y, Wang G. A dynamic differential evolution algorithm for the dynamic single-machine scheduling problem with sequence-dependent setup times [J]. Journal of the Operational Research Society, 2020, 71 (2): 225~236.

[185] Mladenovic N, Hansen P. Variable neighborhood search [J]. Computers & Operations Research, 1997, 24 (11): 1097~1100.

[186] Xiao Y, Konak A. A variable neighborhood search for the network design problem with relays [J]. Journal of Heuristics, 2017, 23 (2~3): 137~164.

[187] Banu S. A general variable neighborhood search heuristic for multiple traveling salesmen problem [J]. Computers & Industrial Engineering, 2015, 90 (12): 390~401.

[188] Briseida S, Karl D, Verena S, et al. Variable neighborhood search for the stochastic and dynamic vehicle routing problem [J]. Annals of Operations Research, 2016, 236 (2): 425~461.

[189] Han Y, Pan Q, Li J, et al. A hybrid discrete harmony search algorithm for blocking flow shop scheduling [C]. The IEEE Fifth International Conference on Bio-Inspired Computing (BIC-

TA2010），2010：435~438.

[190] Mccormich S, Pinedo M, Shenker S, et al. Sequencing in an assembly line with blocking to minimize cycle time [J]. Operations Research, 1989, 37 (6)：925~936.

[191] Liu J, Reeves C. Constructive and composite heuristic solutions to the $P// \sum C_i$ [J]. European Journal of Operational Research, 2001, 132 (2)：439~452.

[192] Wang L, Pan Q, Tasgetiren M. Minimizing the total flow time in a flow shop with blocking by using hybrid harmony search algorithms [J]. Expert Systems with Applications, 2010, 37 (12)：7929~7936.

[193] 崔阳阳，刘艳梅，迟文涛，等. 中国集成电路制造行业 VOCs 排放特征及控制对策[J]. 环境科学学报，2020, 40 (9)：3174~3179.

[194] Bukata L, Šůcha P, Hanzálek Z. Optimizing energy consumption of robotic cells by a branch & bound algorithm [J]. Computers and Operations Research, 2019, 102：52~66.

附 录

```
void OnWallIneffectiveCollision (int a)
{
    int b4, c, temp, e1, N=0;
    double d;
    b4=IntRand (1, Parts-1);
    do
    {
        c=IntRand (1, Parts-1);
    }
    while (b4==c);
    mol2 [a]. NumHit=mol2 [a]. NumHit+1;
    mol2 [IS] =mol2 [a];
    temp=mol2 [a]. mol [b4];
    mol2 [a]. mol [b4] =mol2 [a]. mol [c];
    mol2 [a]. mol [c] =temp;
    The_ith_ValuePE (a);
    NumS=NumS+1;
    if (mol2 [IS]. PE+mol2 [IS]. KE>=mol2 [a]. PE)
    {
        d=Rand (KELossRate);
        mol2 [a]. KE= (mol2 [IS]. PE+mol2 [IS]. KE-mol2 [a]. PE) * d;
        buffer=buffer+ (mol2 [IS]. PE+mol2 [IS]. KE-mol2 [a]. PE) * (1-d);
    }
    if (mol2 [a]. PE<mol2 [IS]. MinPE)
    {
        for (e1=0; e1<Parts; e1++)
            mol2 [a]. MinStruct [e1] =mol2 [a]. mol [e1];
```

```
        mol2 [a]. MinPE＝mol2 [a]. PE;
        mol2 [a]. MinHit＝mol2 [a]. NumHit;
    }

return;

}


void Decomposition (int a)
{
    int b, c, temp1, temp2, e2, N＝0, e3, e4, e5;
    float EN, d1, d2, d3;
    b＝IntRand (1, Parts-1);
    do
    {
        c＝IntRand (1, Parts-1);
    }
    while (b＝＝c);
    mol2 [IS] ＝mol2 [a];
    mol2 [IS+1] ＝mol2 [a];
    temp1＝mol2 [IS+1]. mol [b];
    for (e2＝b; e2<Parts-1; e2++)
        mol2 [IS+1]. mol [e2] ＝mol2 [IS+1]. mol [e2+1];
    mol2 [IS+1]. mol [Parts-1] ＝temp1;
        temp2＝mol2 [IS]. mol [c];
    for (e3＝c; e3<Parts-1; e3++)
        mol2 [IS]. mol [e3] ＝mol2 [IS]. mol [e3+1];
    mol2 [IS]. mol [Parts-1] ＝temp2;
    The_ ith_ ValuePE (IS+1);
    NumS＝NumS+1;
    The_ ith_ ValuePE (IS);
    NumS＝NumS+1;
    d3＝Rand (0);
    if (mol2 [a]. PE+mol2 [a]. KE>＝mol2 [IS+1]. PE+mol2 [IS].PE)
    {
        EN＝mol2 [a]. PE+mol2 [a]. KE- (mol2 [IS+1]. PE+mol2 [IS]. PE);
        mol2 [IS]. KE＝d3 * EN;
```

```
        mol2 [IS+1]. KE=(1-d3) * EN;
        for (e4=0; e4<Parts; e4++)

{

            mol2 [IS+1]. MinStruct [e4] =mol2 [IS+1]. mol [e4];
            mol2 [IS]. MinStruct [e4] =mol2 [IS]. mol [e4];

}

    mol2 [IS+1]. MinPE=mol2 [IS+1]. PE;
    mol2 [IS]. MinPE=mol2 [IS]. PE;
    if (mol2 [IS+1]. PE<mol2 [IS]. PE)
    {

            mol2 [IS+2]. PE=mol2 [IS+1]. PE;
            mol2 [IS+1]. PE=mol2 [IS]. PE;
            mol2 [IS]. PE=mol2 [IS+2]. PE;

    }
    if (mol2 [IS]. PE<mol2 [a]. PE)
            mol2 [a] =mol2 [IS];

    }
    else
    {

        d1=Rand (0);
        d2=Rand (0);
        EN=mol2 [a]. PE+mol2 [a]. KE+d1 * d2 * buffer- (mol2 [IS+1].PE+
mol2 [IS]. PE);
        if (EN>=0)
        {

            buffer=buffer * (1-d1 * d2);
            mol2 [IS]. KE=d3 * EN;
            mol2 [IS+1]. KE=(1-d3) * EN;
            for (e5=0; e5<Parts; e5++)
            {

                mol2 [IS+1]. MinStruct [e5] =mol2 [IS+1]. mol [e5];
                mol2 [IS]. MinStruct [e5] =mol2 [IS]. mol [e5];

            }
            mol2 [IS+1]. MinPE=mol2 [IS+1]. PE;
            mol2 [IS]. MinPE=mol2 [IS]. PE;
```

```
            if (mol2 [IS+1]. PE<mol2 [IS]. PE)
            {
                    mol2 [IS+2]. PE = mol2 [IS+1]. PE;
                    mol2 [IS+1]. PE = mol2 [IS]. PE;
                    mol2 [IS]. PE = mol2 [IS+2]. PE;
            }
            if (mol2 [IS]. PE<mol2 [a]. PE)
                    mol2 [a] = mol2 [IS];
        }
        else
            mol2 [a]. NumHit = mol2 [a]. NumHit+1;
    }

    return;

}


void IntermolecularIneffectiveCollision (int b2, int c)
{
    int a, ee1, ee2, h, g, N=0, n1, n2;
    float EN, d1;
    bool flag1, flag2, flag3, flag4, flag5=true;
        h=1;
        g=1;
        a = IntRand (1, Parts-1);
        mol2 [IS] = mol2 [b2];
        mol2 [IS+1] = mol2 [c];
        for (ee1=0; ee1<Parts; ee1++)
        {
            flag1=true, flag2=true;
            for (int ff=0; ff<=a; ff++)
            {
                if (mol2 [IS]. mol [ee1] = = mol2 [c]. mol [ff] )
                {
                    flag1=false;
                }
            }
```

```
            if (flag1)
            {
                mol2 [c]. mol [a+h] =mol2 [IS]. mol [ee1];
                h=h+1;
            }
    }
    for (ee2=0; ee2<Parts; ee2++)
    {
        flag3=true, flag4=true;
        for (int ff=0; ff<=a; ff++)
        {
            if (mol2 [IS+1]. mol [ee2] ==mol2 [b2]. mol [ff] )
            {
                flag3=false;
            }
        }
        if (flag3)
        {
            mol2 [b2]. mol [a+g] =mol2 [IS+1]. mol [ee2];
            g=g+1;
        }
    }
    The_ith_ValuePE (b2);
    mol2 [b2]. NumHit=mol2 [b2]. NumHit+1;
    NumS=NumS+1;
    The_ith_ValuePE (c);
    mol2 [c]. NumHit=mol2 [c]. NumHit+1;
    NumS=NumS+1;
EN= (mol2 [IS]. PE + mol2 [IS]. KE + mol2 [IS+1]. PE + mol2 [IS+1].
KE) - (mol2 [b2]. PE+mol2 [c]. PE);
    if (EN>=0)
    {
        d1=Rand (0);
        mol2 [b2]. KE=EN * d1;
        mol2 [c]. KE=EN * (1-d1);
```

```
            if（mol2［b2］. PE<mol2［IS］. MinPE）
            {
                mol2［b2］. MinPE=mol2［b2］. PE;
                mol2［b2］. MinHit=mol2［b2］. NumHit;
            }
            if（mol2［c］. PE<mol2［IS+1］. MinPE）
            {
                mol2［c］. MinPE=mol2［c］. PE;
                mol2［c］. MinHit=mol2［c］. NumHit;
            }
        }
    return;
}


void Synthesis（int b3, int c）
{
    float ＊TPE=NULL, ＊TKE=NULL;
    int a, e, f, g=0, arr［Parts］, temp;
    bool flag1, flag2, flag3;
    TPE=new float［2］;
    TKE=new float［2］;
    ＊TPE=mol2［b3］. PE;
    ＊（TPE+1）=mol2［c］. PE;
    ＊TKE=mol2［b3］. KE;
    ＊（TKE+1）=mol2［c］. KE;
    mol2［IS］=mol2［b3］;
    mol2［IS+1］=mol2［c］;
    for（e=0; e<Parts; e++）
    {
        if（mol2［b3］. mol［e］==mol2［c］. mol［e］）
        {
            mol2［b3］. mol［e］=mol2［c］. mol［e］;
            ＊（arr+g）=e;
            g=g+1;
        }
    }
```

```
}
if (g<Parts && g>0)
{
    for (e=0; e<Parts; e++)
    {
        if (mol2 [b3]. mol [e]! =mol2 [c]. mol [e] )
        {
            do
            {
                flag1 =true;
                a=IntRand (1, Parts-1);
                for (f=0; f<g; f++)
                {
                    if (a= =mol2 [b3]. mol [arr [f] ] )
                    {
                        flag1 =false;
                        break;
                    }
                }
                flag2 =true;
                for (int h=e-1; h>=0; h--)
                {
                    if (a= =mol2 [b3]. mol [h] )
                    {
                        flag2 =false;
                        break;
                    }
                }
            }
            while (! flag1 || ! flag2);
            mol2 [b3]. mol [e] =a;
        }
    }
}
The_ith_ValuePE (b3);
```

```
    NumS = NumS+1;
    if ( * TPE+ *  ( TPE+1 )  + * TKE+ *  ( TKE+1 )  >=mol2 [b3]. PE)
    {
        mol2 [b3]. KE = * TPE + *  ( TPE + 1 )  + * TKE + *  ( TKE + 1 ) -mol2
[b3]. PE;
        mol2 [b3]. MinPE = mol2 [b3]. PE;
        if ( mol2 [IS]. MinPE<=mol2 [IS+1]. MinPE)
            mol2 [c]  = mol2 [IS];
        else
            mol2 [c]  = mol2 [IS+1];
    }
    else
    {
        mol2 [b3]. NumHit = mol2 [b3]. NumHit+1;
        mol2 [c]. NumHit = mol2 [c]. NumHit+1;
        mol2 [b3]  = mol2 [IS];
        mol2 [c]  = mol2 [IS+1];
    }
    delete [] TKE;
    delete [] TPE;
    return;
}
```